Leitfäden und Monographien der Informatik

Brauer: **Automatentheorie**
493 Seiten. Geb. DM 58,—

Engeler/Läuchli: **Berechnungstheorie für Informatiker**
120 Seiten. DM 24,—

Loeckx/Mehlhorn/Wilhelm: **Grundlagen der Programmiersprachen**
448 Seiten. Kart. DM 42,—

Mehlhorn: **Datenstrukturen und effiziente Algorithmen**
Band 1: Sortieren und Suchen
2. Aufl. 317 Seiten. Geb. DM 48,—

Messerschmidt: **Linguistische Datenverarbeitung mit Comskee**
207 Seiten. Kart. DM 36,—

Niemann/Bunke: **Künstliche Intelligenz in Bild- und Sprachanalyse**
256 Seiten. Kart. DM 38,—

Pflug: **Stochastische Modelle in der Informatik**
272 Seiten. Kart. DM 36,—

Richter: **Betriebssysteme**
2. Aufl. 303 Seiten. Kart. DM 36,—

Wirth: **Algorithmen und Datenstrukturen**
Pascal-Version
3. Aufl. 320 Seiten. Kart. DM 38,—

Wirth: **Algorithmen und Datenstrukturen mit Modula - 2**
4. Aufl. 299 Seiten. Kart. DM 38,—

Leitfäden der angewandten Informatik

Bauknecht/Zehnder: **Grundzüge der Datenverarbeitung**
3. Aufl. 293 Seiten. DM 34,—

Beth / Heß / Wirl: **Kryptographie**
205 Seiten. Kart. DM 25,80

Bunke: **Modellgesteuerte Bildanalyse**
309 Seiten. Geb. DM 48,—

Craemer: **Mathematisches Modellieren dynamischer Vorgänge**
288 Seiten. Kart. DM 36,—

Frevert: **Echtzeit-Praxis mit PEARL**
2. Aufl. 216 Seiten. Kart. DM 34,—

Gorny/Viereck: **Interaktive grafische Datenverarbeitung**
256 Seiten. Geb. DM 52,—

Hofmann: **Betriebssysteme: Grundkonzepte und Modellvorstellungen**
253 Seiten. Kart. DM 34,—

Holtkamp: **Angepaßte Rechnerarchitektur**
233 Seiten. DM 38,—

Hultzsch: **Prozeßdatenverarbeitung**
216 Seiten. Kart. DM 25,80

Kästner: **Architektur und Organisation digitaler Rechenanlagen**
224 Seiten. Kart. DM 25,80

Fortsetzung auf der 3. Umschlagseite

 B. G. Teubner Stuttgart

Leitfäden und Monographien
der Informatik

E. Engeler/P. Läuchli
Berechnungstheorie
für Informatiker

Leitfäden und Monographien der Informatik

Unter beratender Mitwirkung von

Prof. Dr. Hans-Jürgen Appelrath, Oldenburg
Dr. Hans-Werner Hein, St. Augustin
Prof. Dr. Rolf Pfeifer, Zürich
Dr. Johannes Retti, Wien
Prof. Dr. Michael M. Richter, Kaiserslautern

Herausgegeben von

Prof. Dr. Volker Claus, Oldenburg
Prof. Dr. Günter Hotz, Saarbrücken
Prof. Dr. Klaus Waldschmidt, Frankfurt

Die Leitfäden und Monographien behandeln Themen aus der Theoretischen, Praktischen und Technischen Informatik entsprechend dem aktuellen Stand der Wissenschaft. Besonderer Wert wird auf eine systematische und fundierte Darstellung des jeweiligen Gebietes gelegt. Die Bücher dieser Reihe sind einerseits als Grundlage und Ergänzung zu Vorlesungen der Informatik und andererseits als Standardwerke für die selbständige Einarbeitung in umfassende Themenbereiche der Informatik konzipiert. Sie sprechen vorwiegend Studierende und Lehrende in Informatik-Studiengängen an Hochschulen an, dienen aber auch in Wirtschaft, Industrie und Verwaltung tätigen Informatikern zur Fortbildung im Zuge der fortschreitenden Wissenschaft.

Berechnungstheorie
für
Informatiker

Von Prof. Dr. sc. math. Erwin Engeler
und Prof. Dr. sc. math. Peter Läuchli
Unter Mitwirkung von Dr. sc. math. Ronald Peikert

Eidg. Technische Hochschule Zürich

Mit 22 Abbildungen und 34 Übungsaufgaben

 B. G. Teubner Stuttgart 1988

Prof. Dr. sc. math. Erwin Engeler

Geboren 1930 in Schaffhausen, Schweiz. Von 1950 bis 1955 Mathematikstudium an der Eidg. Technischen Hochschule Zürich, Diplom 1955, Dr. sc. math. 1958. Längerer Aufenthalt in USA: Assistenzprofessor Univ. of Minnesota, Univ. of Calif. Berkeley 1958 bis 1963. Assoc. Prof. 1963, Professor 1967 (Univ. of Minnesota). Seit 1972 an der ETH für Logik und Informatik.

Prof. Dr. Peter Läuchli

Geboren 1928 in Zürich, Schweiz. Von 1948 bis 1953 Studium an der Eidg. Technischen Hochschule (ETH) in Zürich mit Abschluß in Theoretischer Physik. Assistent am Institut für Angewandte Mathematik, Mitarbeit an der Fertigstellung des Computers ERMETH. 1959 Promotion in Mathematik, 1961 Habilitation an der ETH. 1964 Assistenzprofessor für Angewandte Mathematik, 1968 a. o. Prof. für Computerwissenschaften. 1972 Studienaufenthalt im IBM-Forschungslabor Yorktown Heights, N. Y. Seit 1983 Ordinarius für Informatik an der ETH Zürich

Dr. sc. math. Ronald Peikert

Geboren 1955 in Zürich, Schweiz. Von 1974 bis 1979 Studium an der Eidg. Technischen Hochschule Zürich mit Abschluß als Dipl. Math., 1985 Promotion. 1986 Visiting Assistant Professor an der University of Minnesota. Seit 1987 Oberassistent an der ETH Zürich.

CIP-Titelaufnahme der Deutschen Bibliothek

Engeler, Erwin:
Berechnungstheorie für Informatiker / von Erwin Engeler u. Peter Läuchli
unter Mitw. v. Ronald Peikert. –
Stuttgart : Teubner, 1988
  (Leitfäden und Monographien der Informatik)
  ISBN 978-3-519-02258-9   ISBN 978-3-322-93085-9 (eBook)
  DOI 10.1007/978-3-322-93085-9

NE: Läuchli, Peter; Peikert, Ronald:

Gesamtherstellung: Zechnersche Buchdruckerei GmbH, Speyer
Umschlaggestaltung: M. Koch, Reutlingen

Vorwort

Der Inhalt dieses Buches entspricht weitgehend dem Stoff, den die beiden Autoren seit mehreren Jahren in einem zweisemestrigen Kurs für Informatiker an der ETH Zürich vermitteln. Vieles davon ist bereits früher in der Form von provisorischen Notizen von E. Engeler als "Kleines Repetitorium der Berechnungstheorie" an die Studenten abgegeben worden.

Bei der Niederschrift des nun vorliegenden Textes hat sich immer deutlicher gezeigt, dass sich eine weitgehend unabhängige Redaktion der beiden, jetzt auch im Inhaltsverzeichnis abgegrenzten Teile, sowohl arbeitstechnisch als auch von der Stoffbehandlung her, als durchaus natürlich aufdrängte. So hat denn P. Läuchli den ersten, E. Engeler den zweiten Teil selbständig betreut. Wir haben uns zwar punkto Notation weitgehend abgesprochen, nehmen jedoch eine gewisse Verschiedenheit im Stil bewusst in Kauf.

Für die Lektüre des Buches wird vorausgesetzt, dass der Leser über das mathematische Rüstzeug verfügt, welches etwa in einem elementaren Kurs "Diskrete Mathematik" in den unteren Semestern eines Hochschulstudiums, Richtung Informatik oder Elektrotechnik, angeboten wird. Dazu gehören jedenfalls Grundbegriffe bezüglich Mengen, Funktionen, Relationen etc.

Der *erste Teil*, im allgemeinen elementarer formuliert, entspricht ungefähr der oben erwähnten ersten Vorlesung ("Berechnungstheorie", 4. Semester), in welcher vor allem der Berechenbarkeitsbegriff herausgearbeitet und eine erste Bekanntschaft mit der Erzeugung, bzw. Erkennung von formalen Sprachen anhand der ausführlich diskutierten regulären Sprachen vermittelt wird. Die anschliessend eingeführte Fixpunkttheorie soll dem Studenten ein theoretisches Werkzeug in die Hand geben, welches ihm erlaubt, verschiedene Gegenstände von einem einheitlichen Standpunkt aus zu betrachten. Schliesslich liefert der "Hauptsatz über syntaktische Strukturen" eine Grundlage für die strenge Definition der Semantik formaler Sprachen.

Im *zweiten Teil*, der in der Darstellung konzentrierter und anspruchsvoller gehalten ist, kommt zumindest teilweise der Inhalt unserer zweiten Vorlesung ("Theoretische Informatik", 6. Semester) zur Sprache. Hier wird zunächst für die Konstruktion eines Universalprogramms, das alle partiell-rekursiven Funktionen berechnen kann, eine Gödel-Numerierung der Programme und Wertbelegungen eingeführt und die effektive Aufzählung der erwähnten Funktionsklasse dann gleich in der Rekursionstheorie angewendet. Verschiedene Maschinenmodelle (Turing-, Tag-Maschine, k-Kellerautomat) werden als äquivalent erkannt und zur Diskussion von einigen klassischen unentscheidbaren Problemen herangezogen. Schliesslich kommt als wichtige Datenstruktur (zu den bisherigen Zahlen und Zeichenreihen) diejenige der Listen ins Spiel, wo die Identifikation von Daten und Programmen beide als Listen zu LISP-artiger Rekursion führt. Dabei ergeben sich natürliche Verwendungen der Hauptsätze der Rekursionstheorie sowohl für die Semantik rekursiver Definitionen als auch für die Grundlegung einer Theorie von Interpretern und Compilern.

Zum ganzen Buch ist zu sagen, dass darin keineswegs alles behandelt wird, was zu einem Minimum an Theorie in die Ausbildung zum Diplom-Informatiker gehört. So fehlen z.B. konkret folgende Gegenstände: kontextfreie Sprachen, Automatentheorie (ausser den endlichen Akzeptoren für reguläre Sprachen), Komplexitätstheorie, Logik-Programmierung. Für diese Gebiete muss auf entsprechende Literatur hingewiesen werden.

Beide Autoren möchten an dieser Stelle Herrn Dr. R. Peikert recht herzlich danken für die mehr als kompetente tätige Mithilfe bei der letzten Redaktion und der Erstellung des Textes. Von ihm stammen die Formulierungen für die den Kapiteln beigegebenen Übungsaufgaben, und ohne ihn wäre das Büchlein wohl irgendwo auf der Strecke geblieben. Dank gebührt auch Herrn E. Bauer, der eine Vorversion erstellt hat und dem Teubner Verlag für die vorbildliche Betreuung und Geduld.

Zürich, im Herbst 1987   E. Engeler, P. Läuchli

Inhalt

Vorwort   5

Inhalt   7

Teil I

1   Berechenbarkeit, Aufzählbarkeit   10

1.1   LOOP- / WHILE-Berechenbarkeit   10
1.2   Primitiv-rekursive, partiell-rekursive Funktionen   16
1.3   Äquivalenz von Berechenbarkeitsbegriffen   23
1.4   Aufzählbarkeit   26
    Übungsaufgaben   30

2   Automaten und formale Sprachen   32

2.1   Produktionsgrammatiken   32
2.2   Endliche Akzeptoren und reguläre Sprachen   36
2.3   Reguläre Ausdrücke   44
2.4   Einige Sätze über reguläre und kontextfreie Sprachen   48
2.5   Kongruenzrelationen und reguläre Sprachen   51
    Übungsaufgaben   56

3   Fixpunkttheorie   58

    Übungsaufgaben   65

4   Syntaktische Strukturen   66

    Übungsaufgaben   73

Teil II

5   Gödelisierung und Universalprogramme   76

5.1   Gödelnumerierung   77
5.2   Ein Universalprogramm   79
5.3   Ausblick in die Rekursionstheorie   81
         Übungsaufgaben   86

6   Unlösbare Probleme der Informatik   87

6.1   Tag-Maschinen und unlösbare kombinatorische Probleme   88
6.2   Turing-Maschinen, Kellerautomaten und der Schluss des Zirkels 94
         Übungsaufgaben   99

7   Rekursive Prozeduren   100

7.1   Rekursion und LISP   100
7.2   Fixpunktsemantik   103
7.3   Partielle Evaluation, Interpreter und Compiler   109
         Übungsaufgaben   113

         Bibliographische Schlussbemerkungen   114

         Sachverzeichnis   118

Teil I

1 Berechenbarkeit, Aufzählbarkeit

1.1 LOOP- / WHILE-Berechenbarkeit

Algorithmen beschreiben den Ablauf von Prozessen, in welchen aufgrund von Eingabewerten gewisse Resultate, Ausgabewerte, produziert werden. Dies gilt grundsätzlich ohne Rücksicht darauf, ob in diesem Prozess ''gerechnet'' wird, ob Zeichenreihen verarbeitet werden, ob das Resultat nur eine Ja-Nein-Antwort, ein Steuersignal ist, oder ob es sich um einen Dialogbetrieb handelt. Im wesentlichen sagt der Algorithmus, wie die Ausgabewerte als *Funktionen* der Eingabewerte *berechnet* werden.

Bei der Programmierung von Algorithmen wendet man in der Praxis Kriterien an, die unter anderem durch die folgenden Stichwörter angedeutet werden: Korrektheit, Transparenz, übersichtliche Darstellung, Effizienz.

In der Berechnungstheorie nehmen wir einen ganz anderen *Standpunkt* ein. Hier geht es um die Frage, ob eine wohldefinierte Funktion überhaupt grundsätzlich *berechenbar* ist, das heisst ob zu gegebenen Argumenten der Funktionswert durch geeignete Hilfsmittel, eben zum Beispiel mit einem Computerprogramm, berechnet werden kann. Offenbar hängt der Berechenbarkeitsbegriff wesentlich von den zur Verfügung gestellten Hilfsmitteln ab.

Es hat sich nun gezeigt, dass man durch ganz verschiedene, verhältnismässig einfache formale Definitionen immer wieder zu einer gewissen Klasse von Funktionen kommt, welche man bereit ist, auch in einem intuitiven Sinne als berechenbar zu bezeichnen. (Siehe These von Church, Kapitel 6).

In den Abschnitten 1.1 und 1.2 werden wir je einen solchen Formalismus vorstellen. Vorerst sei jedoch einiges zur Terminologie vorausgeschickt.

In der Berechnungstheorie wird - im Gegensatz etwa zur Algebra - ausgiebig Gebrauch gemacht vom Begriff der partiellen Funktion. Dies scheint gerade im Hinblick auf die Informatik nicht ganz abwegig, wenn man an den Fall der nicht für alle Eingabewerte terminierenden Programme denkt.

Definition. f heisst *partielle Funktion* von A nach B genau dann, wenn durch f jedem $x \in A$ *höchstens* ein $y \in B$ zugeordnet wird. Das heisst f als Paarmenge, $f \subseteq A \times B$, hat die Eigenschaft *funktional* zu sein, womit gemeint ist, dass für alle $x \in A, y, y' \in B$ gilt:

$$<x,y> \in f, <x,y'> \in f \Rightarrow y = y'$$

Der *Definitionsbereich*, *dom(f)*, ist die Teilmenge der $x \in A$, für welche f definiert ist. Der *Wertebereich*, *ran(f)*, ist die Teilmenge der $y \in B$, welche als Funktionswert auftreten. Eine Funktion mit *dom(f)* $= A$ heisst *total*.

Bemerkung: "f ist für x definiert" heisst: $\exists y \in B \ (<x,y> \in f)$, "$y$ tritt als Funktionswert auf" heisst: $\exists x \in A \ (<x,y> \in f)$. "$<x,y> \in f$" ist gleichwertig mit: $y = f(x)$.

Wenn man beim Funktionsbegriff den Aspekt der "Rechenvorschrift" in den Vordergrund stellt, nennt man dann oft im Gegensatz dazu die entsprechende Paarmenge "Graph der Funktion f", also

$$graph(f) = \{ <x,y> \mid y \text{ ist der Wert von } f \text{ bei } x \text{ falls definiert} \}$$

Besonders auch bei dieser Betrachtungsweise für partielle Funktionen verwenden wir die Abkürzung $f(x) \stackrel{\sim}{=} g(x)$ für $graph(f) = graph(g)$, d.h. $dom(f) = dom(g)$ und $f(x) = g(x)$ für alle $x \in dom(f)$.

Die Definitionen für den allgemeinen Fall der n-stelligen partiellen Funktion lauten entsprechend. Es ist zweckmässig, auch den Grenzfall $n = 0$ zuzulassen: Eine nullstellige Funktion ist eine Konstante. (Selbstverständlich können auch mehrstellige Funktionen konstant sein!). Für $f(x_1, x_2, \cdots, x_n)$ schreiben wir häufig abkürzend $f(x)$.

Für die Diskussion der Berechenbarkeit liegt es nahe, mit einem möglichst einfachen Material zu arbeiten, bei welchem aber doch die wesentlichen Züge hervortreten. Als einfachste Datenstrukturen bieten sich an:

$N = $ Menge der natürlichen Zahlen, und

$A^* = $ Menge der endlichen Wörter (Zeichenreihen), gebildet aus dem endlichen Alphabet (Zeichenvorrat) A.

Wir werden in diesem ganzen Kapitel 1 ausschliesslich auf N operieren.

Als erstes Hilfsmittel zur Definition einer Funktionsklasse wird zunächst eine einfache *Programmiersprache* eingeführt, die wir LOOP nennen, und die ganz ähnlich wie praktisch verwendete Sprachen (PASCAL etc.) konzipiert ist. Da eine gewisse Vertrautheit mit solchen Programmiersprachen vorausgesetzt wird, können wir uns bei der Beschreibung der *Syntax* von LOOP kurz fassen. Formale Definitionsmechanismen für die Syntax von Sprachen werden in den Kapiteln 2 und 4 genauer behandelt.

Wir benötigen die folgenden vier "syntaktischen Kategorien" (wie in PASCAL zum Beispiel *identifier, expression, statement*, etc.):

Grundsymbole:

$\quad x_1, x_2, \cdots, 0, S, P, :=, , ; , (,), \textbf{loop}, \textbf{do}, \textbf{od}$

Variablen:

$\quad x_1, x_2, \cdots$

Wertzuweisungen:

$\quad$ *<Variable>* $:= 0$, *<Variable>* $:=$ *<Variable>*,

$\quad$ *<Variable>* $:= S($*<Variable>*$)$, *<Variable>* $:= P($*<Variable>*$)$

Programme:

$\quad$ *<Wertzuweisung>*,

$\quad$ *<Programm>* ; *<Programm>*,

$\quad$ **loop** *<Variable>* **do** *<Programm>* **od**

Die Schreibweise mit den spitzen Klammern ist so zu verstehen, dass an der betreffenden Stelle ein konkretes Element aus der angegebenen Kategorie einzusetzen ist, also zum Beispiel x_8 für <Variable>.

In der obigen Definition kommen die abzählbar vielen Variablen $x_1, x_2, \cdots$ vor. Oft ist es jedoch zweckmässig, das Alphabet der Grundsymbole endlich zu halten. Insbesondere werden wir ja nur Programme endlicher Länge betrachten, und in diesen kommen auch nur endlich viele verschiedene Variablen vor. So führen wir die Teilsprachen $LOOP_n$ ein, welche aus den Programmen bestehen, die nur Variablen mit Index $\leq n$ enthalten. Natürlich existiert für jedes $\Pi \in LOOP$ ein n, so dass $\Pi \in LOOP_n$, das heisst $LOOP$ ist die Vereinigung über alle $LOOP_n$.

Die *Semantik* der LOOP-Programme ist wohl recht offensichtlich. Sie beruht auf der Vorstellung eines zeitlichen Ablaufs. Sei $\Pi \in LOOP_n$. Dann setzen wir voraus, dass vor Beginn des Programmablaufs eine Anfangsbelegung der Variablen $x_1, x_2, \cdots, x_n$ definiert sei. Nach Beendigung weisen diese dann eine gewisse Endbelegung auf.

Im Einzelnen: Mit S ist die Nachfolgerfunktion (*successor*) gemeint: $S(x) = x+1$; mit P die Vorgängerfunktion (*predecessor*): $P(0) = 0, P(x+1) = x$.

Die Konstruktion

$$\textbf{loop } x_i \textbf{ do } \Pi \textbf{ od}$$

bedeutet, dass das Programm Π so oft ausgeführt werden soll, wie der Wert von x_i angibt. Dabei gelte die Konvention, dass der bei Eintritt in die Schleife bestehende Wert von x_i massgeblich ist, das heisst dass eine allenfalls in Π ausgeführte Wertzuweisung zu x_i keinen Einfluss auf die Steuerung der Schleife hat. Schleifen können nach unserer Syntax geschachtelt auftreten.

Auch hier sei darauf hingewiesen, dass in Kapitel 4 die Semantik von Sprachen auf eine formalere Art rekursiv definiert wird. (Siehe Hauptsatz über syntaktische Strukturen).

Nun zur Berechnung von Funktionen:

Jedes Programm Π aus $LOOP_n$ definiert die n-stelligen Funktionen $\phi_1, \phi_2, \cdots, \phi_n$, welche die Endbelegung der Variablen in Abhängigkeit von deren Anfangsbelegung angeben. Wir nennen ϕ_i die "von Π an der i-ten Stelle berechnete Funktion". Die ϕ_i sind *totale* Funktionen. (Beweis durch Induktion nach der Länge des Programms. Siehe Abschnitt 1.3). Ein einfaches Beispiel ($n = 2$):

Zum Programm $\Pi: x_1 := S(x_2)$ gehören die Funktionen:

$$\phi_1(x_1, x_2) = x_2 + 1$$
$$\phi_2(x_1, x_2) = x_2$$

Jetzt können wir endlich die LOOP-Berechenbarkeit definieren. Da für die Berechnung von n-stelligen Funktionen im allgemeinen mehr als n (Zwischen-) Variablen benötigt werden, setzen wir fest:

Definition. Eine n-stellige Funktion $f\colon \mathbb{N}^n \to \mathbb{N}$ heisst *LOOP-berechenbar* genau dann, wenn ein Programm $\Pi \in \mathrm{LOOP}_m$, $m \geq n$, existiert, so dass für alle $x_1, \cdots, x_n$ gilt:

$$f(x_1, \cdots, x_n) = \phi_1(x_1, \cdots, x_n, \underbrace{0, \cdots, 0}_{m-n})$$

Bemerkung: Die Auszeichnung der ersten Funktion ϕ_1 ist belanglos. Alle ϕ_i sind LOOP-berechenbar.

Es wird sich zeigen, dass wir mit der Klasse der LOOP-berechenbaren Funktionen bereits die meisten der praktisch interessanten "berechenbaren" Funktionen erfasst haben, was angesichts des sehr einfachen Apparates, den die Sprache LOOP darstellt, auf den ersten Blick vielleicht nicht selbstverständlich erscheint.

Zunächst einige Beispiele:

Beispiel 1: Die Vorgängerfunktion P lässt sich durch ein LOOP-Programm ohne P berechnen; es wäre also eigentlich nicht nötig gewesen, diese unter den Wertzuweisungen mitzunehmen. (Wir tun dies aus anderen Gründen dennoch).

Das Programm:

$$x_2 := 0;\ x_3 := 0;$$
$$\textbf{loop } x_1 \textbf{ do } x_2 := x_3;\ x_3 := S(x_3) \textbf{ od}$$

berechnet:

$$\text{``}x_2 := P(x_1)\text{''}$$

Man überlege sich die Variante "$x_1 := P(x_1)$", auch nur mit einer Hilfsvariablen.

Die Schreibweise mit Anführungszeichen verwenden wir, um anzudeuten, dass eine Funktionsberechnung bereits als LOOP-Programm existiere. Man wird dabei grosszügig Variablen umbenennen müssen. So etwa im folgenden

Beispiel 2: Das Programm:

$$\textbf{loop } x_2 \textbf{ do } x_1 := S(x_1) \textbf{ od}$$

berechnet:

$$\text{``}x_1 := x_1 + x_2\text{''}$$

und das Programm:

$$x_3 := 0;$$
$$\textbf{loop } x_1 \textbf{ do } \text{`` } x_3 := x_3 + x_2 \text{ ''} \textbf{ od};$$
$$x_1 := x_3$$

berechnet:

$$\text{`` } x_1 := x_1 \cdot x_2 \text{ ''}$$

Damit ist bereits sichergestellt, dass Addition und Multiplikation LOOP-berechenbar sind.

Beispiel 3: Die Subtraktion muss auf $\mathbf{N}$ so definiert werden, dass sie nicht aus dem Bereich hinaus führt. Dies geschieht im allgemeinen folgendermassen:

$$x \mathbin{\dot{-}} y := \begin{cases} x-y, & \text{falls } x \geq y \\ 0 & \text{sonst} \end{cases}$$

Damit können wir "$x_1 := x_1 \mathbin{\dot{-}} x_2$" ausprogrammieren durch:

$$\textbf{loop } x_2 \textbf{ do } x_1 := P(x_1) \textbf{ od}$$

Beispiel 4: Nützlich sind auch die folgenden zwei Operationen:

$$sg(x) := \begin{cases} 1, & \text{falls } x>0 \\ 0 & \text{sonst} \end{cases}$$

(Gelesen: "Signum"). Programm für $x_2 := sg(x_1)$ ":

$$x_2 := 0;$$
$$\textbf{loop } x_1 \textbf{ do } \text{"}x_2 := 1\text{"} \textbf{ od}$$

(Das Programm für "$x_2 := 1$" ist trivial). Und entsprechend:

$$\overline{sg}(x) := \begin{cases} 0, & \text{falls } x>0 \\ 1 & \text{sonst} \end{cases}$$

Programm für "$x_2 := \overline{sg}(x_1)$":

$$\text{"}x_2 := 1;\text{"}$$
$$\textbf{loop } x_1 \textbf{ do } x_2 := 0 \textbf{ od}$$

Es gilt:

$$\overline{sg}(x) = 1 \mathbin{\dot{-}} x$$

und

$$sg(x) = 1 \mathbin{\dot{-}} \overline{sg}(x)$$

Die Operationen der ganzzahligen Division mit Rest (**div, mod** in PASCAL, MODULA) sind ebenfalls LOOP-berechenbar. Daraus ergibt sich dann auch ohne Schwierigkeit, dass mit einem LOOP-Programm entschieden werden kann, ob eine gegebene Zahl Primzahl ist, beziehungsweise die Berechnung der k-ten Primzahl, p_k. (Siehe Übungsaufgabe 1-1).

Trotz der offenbar beträchtlichen Möglichkeiten von LOOP gibt es Funktionen, die in einem intuitiven Sinne berechenbar, aber nicht LOOP-berechenbar sind. Zu dieser Klasse gehören trivialerweise alle "berechenbaren" nicht-totalen Funktionen, zum Beispiel:

$$f(0) = 0, f(x+1) \; \textit{undefiniert}$$
$$(\text{als Paarmenge}: f = \{<0,0>\})$$

Aber auch gewisse totale Funktionen gehören dazu, was nicht ohne weiteres ersichtlich ist.

So führen wir zunächst eine weitere Programmiersprache, nämlich WHILE, ein. Wiederum werden die vier syntaktischen Kategorien gebildet:

Grundsymbole:

    Dieselben wie bei LOOP, aber "**while**, $\neq$ " anstelle von "**loop**".

Variablen, Wertzuweisungen:

    Wie bei LOOP

Programme:

    <Wertzuweisung>

    <Programm> ; *<Programm>*

    while *<Variable>* $\neq 0$ **do** *<Programm>* **od**

Die Semantik der Konstruktion

$$\textbf{while } x_i \neq 0 \textbf{ do } \Pi \textbf{ od}$$

ist von den praktischen Programmiersprachen her bekannt: Solange der Wert von x_i positiv ist, wird die Ausführung von Π wiederholt.

Die Definition der Teilsprachen WHILE_n entspricht derjenigen von LOOP_n. Die von Π an der i-ten Stelle berechnete Funktion ϕ_i braucht jetzt nicht mehr total zu sein. Sinngemäss setzen wir also fest: Für diejenigen Anfangsbelegungen der Variablen, bei denen das Programm $\Pi \in \text{WHILE}_n$ terminiert, gibt ϕ_i die i-te Komponente der Endbelegung; sonst ist ϕ_i undefiniert.

Beispiel für n=1: Das Programm

$$\textbf{while } x_1 \neq 0 \textbf{ do } x_1 := x_1 \textbf{ od}$$

definiert als ϕ_1 die Funktion f des obigen Beispiels ($f(0) = 0, f(x+1)$ *undefiniert*).

Schliesslich gilt für die Berechenbarkeit wieder die entsprechende

Definition. Eine n-stellige partielle Funktion $f\colon \mathbb{N}^n \to \mathbb{N}$ heisst *WHILE-berechenbar* genau dann, wenn ein Programm $\Pi \in \text{WHILE}_m, m \geq n$, existiert, sodass für alle $x_1, \cdots, x_n$, für welche f definiert ist, gilt:

$$f(x_1, \cdots, x_n) = \phi_1(x_1, \cdots, x_n, \underbrace{0, \cdots, 0}_{m-n})$$

Obwohl in WHILE die **loop**-Konstruktion fehlt, ist die Klasse der LOOP-berechenbaren Funktionen in derjenigen der WHILE-berechenbaren enthalten. Der Induktionsbeweis für diese Tatsache enthält als wesentlichen Schritt die Simulation der **loop**-Schleife durch WHILE. Deren Ausführung ist eine leichte Übungsaufgabe.

Wie schon vorher angedeutet, ist hingegen der Nachweis dafür, dass sich diese Inklusion nicht auf triviale Fälle (z.B. WHILE-berechenbare Funktionen mit LOOP-berechenbarem Definitionsbereich) beschränkt, weniger einfach. Auch lassen sich nicht ohne weiteres natürliche Beispiele für totale WHILE-berechenbare Funktionen hinschreiben, die nicht LOOP-berechenbar sind. In Abschnitt 1.3 wird die explizite Konstruktion für ein derartiges Beispiel angegeben. Das bekannte Paradebeispiel der Ackermann-Funktion wird im Übungsteil behandelt. (Siehe Übungsaufgabe 1-6).

Eine etwas konkretere Fassung der oben kurz angesprochenen These von Church könnte etwa so lauten, dass die Klasse der WHILE-berechenbaren Funktionen mit der Klasse derjenigen Funktionen übereinstimmt, die sich mittels einer der "höheren", ablauforientierten Programmiersprachen auf einem idealen Computer (das heisst mit unbegrenzter Speicherkapazität) berechnen lassen. Die letztere Bedingung ist notwendig, da wir ja bei unseren Modellsprachen LOOP und WHILE keine Schranken für die auftretenden Zahlenwerte eingeführt haben.

1.2 Primitiv-rekursive, partiell-rekursive Funktionen

In diesem Abschnitt geht es, wie ja schliesslich im letzten auch, um die Definition von gewissen Funktionsklassen. Nur wird jetzt ein Formalismus aufgezogen, der vor allem dem Informatiker zunächst recht abstrakt erscheinen mag. Immerhin werden sehr bald die Parallelen zur vorherigen Theorie durchschimmern.

Das Material, mit welchem wir arbeiten, besteht aus den n-stelligen Funktionen auf N. Dabei ist es zweckmässig, auch den Grenzfall $n = 0$, also einer Konstanten, zuzulassen. Die "Stelligkeit" der Funktionen muss immer genau beachtet werden. So ist zum Beispiel eine 0-stellige Funktion nicht dasselbe wie eine 1-stellige konstante Funktion!

Wir beginnen mit einer Menge A von sogenannten *Ausgangsfunktionen* sehr einfacher Art und werden daraus dann weitere Funktionen herleiten. A umfasst:

Z 0-stellige Null-Funktion (Konstante)

S 1-stellige Nachfolgerfunktion

P 1-stellige Vorgängerfunktion (mit $P(0) = 0$)

U_j^n n-stellige Projektionsfunktionen ($U_j^n(x_1, \cdots, x_n) = x_j$)

Die Einführung der U_j^n scheint auf den ersten Blick etwas künstlich, erweist sich jedoch für den Aufbau eines sauberen Formalismus als nötig.

Was sind nun wohl einigermassen natürliche Mechanismen zur Erzeugung weiterer Funktionen? Sicher wird man von der Möglichkeit Gebrauch machen wollen, eine Funktion "in eine andere einzusetzen". So erhält man zum Beispiel mit $S(Z)$ die (0-stellige) Konstante 1. Damit allein lassen sich allerdings noch nicht sehr interessante Funktionen gewinnen. Des weiteren ist jedoch in der Mathematik die "rekursive Definition" von Funktionen durchaus geläufig. So kann man etwa die Fakultät folgendermassen definieren:

$$0! = 1$$
$$(n+1)! = (n+1) \cdot n!, \quad n = 0, 1, \cdots$$

Es stellt sich nun heraus, dass dieser Schritt entscheidend ist, das heisst, dass mit Komposition und Rekursion allein bereits eine sehr bedeutende Klasse von Funktionen erzeugt werden kann.

Für die formale Definition der beiden Erzeugungsschemata führen wir die abgekürzte Schreibweise x anstelle von $x_1, x_2, \cdots, x_n$ ein.

Das *Kompositionsschema*

$$f(x) = g(f_1(x), \cdots, f_m(x))$$

erzeugt in offensichtlicher Weise aus m n-stelligen Funktionen $f_1, \cdots, f_m$ und einer m-stelligen Funktion g die n-stellige Funktion f. Dabei ist $m \geq 1$, $n \geq 0$.

Das *Rekursionsschema* (Schema der primitiven Rekursion) erlaubt es, einen Funktionswert $f(y+1)$ auf den Wert $f(y)$ zurückzuführen, wobei $f(y+1)$ auch noch explizit von y abhängen kann (wie zum Beispiel im Falle der Fakultät). Die Verankerung geschieht bei $y = 0$. Also:

$$f(0) = c$$
$$f(y+1) = h(y, f(y))$$

mit der Konstanten c und der 2-stelligen Funktion h.

Etwas allgemeiner können wir noch die ''Parameter'' $x_1, \cdots, x_n$ hinzunehmen, die für den Rekursionsprozess fest bleiben. Damit lautet das allgemeine Schema:

$$f(x, 0) = g(x)$$
$$f(x, y+1) = h(x, y, f(x, y))$$

welches aus einer n-stelligen Funktion g und einer $(n+2)$-stelligen Funktion h die $(n+1)$-stellige Funktion f erzeugt.

Damit sind wir nun imstande, unsere Funktionsklasse zu definieren:

Definition. Die Menge der *primitiv-rekursiven Funktionen* besteht genau aus den Funktionen, die sich aus der Menge A der Ausgangsfunktionen durch endlich oft wiederholte Anwendung von Kompositions- und Rekursionsschema bilden lassen.

Dazu einige Bemerkungen:

- Unter ''endlich oft wiederholt'' soll auch ''nullmal'' enthalten sein.

- Alternativ zur obigen Formulierung findet man oft auch die Definition der Menge der primitiv-rekursiven Funktionen als kleinste Funktionsmenge, welche A enthält und gegenüber der Anwendung der beiden Schemata abgeschlossen ist. Nach Durchsicht von Kapitel 3 wird die Äquivalenz der beiden Formulierungen offenbar werden.

- Kritische Leser werden hier vielleicht die Frage nach der Legalität unserer Anwendung des Rekursionsschemas stellen, das heisst, ob durch dieses wirklich genau eine Funktion definiert wird. Auch die Beantwortung dieser Frage soll in Kapitel 3 nachgeholt werden.

Einige Beispiele mögen die Anwendung des Rekursionsschemas illustrieren:

Beispiel 1: Wie schon bei den Wertzuweisungen der Sprache LOOP, so ist auch hier in der Menge A die Funktion P an sich überflüssig. Sie kann nämlich folgendermassen aus den übrigen gewonnen werden ($n = 0$):

$$P(0) = 0, P(y+1) = y$$

also Rekursionsschema mit $g = Z, h = U_1^2$.

Beispiel 2: Oft werden auch k-stellige konstante Funktionen, $k>0$, benötigt. So erzeugt man beispielsweise die 1-stellige Null-Funktion wieder rekursiv ($n = 0$):

$$Z_1(0) = 0$$
$$Z_1(y+1) = Z_1(y)$$

also mit $g = Z, h = U_2^2$.

Beispiel 3: Die Addition als Beispiel einer 2-stelligen Funktion ($n = 1$):

$$add(x, 0) = x$$
$$add(x, y+1) = add(x, y)+1$$

also $g = U_1^1, h(x, y, z) = S(U_3^3(x, y, z))$. In diesem Falle ist h bereits durch Komposition von Elementen aus A entstanden.

Beispiel 4: Welche einstellige Funktion wird durch das Rekursionsschema mit

$$g = Z$$
$$h(y, z) = S(add(y, z))$$

definiert?

Weitere Beispiele für primitiv-rekursive Funktionen sind: $\dot{-}, *, \mathbf{div}$ etc. (siehe auch Übungsteil).

An dieser Stelle soll auf die enge Beziehung zwischen Mengen und Funktionen hingewiesen werden: Eine Teilmenge T der natürlichen Zahlen, $T \subseteq \mathbb{N}$, oder was dasselbe ist, ein einstelliges *Prädikat* auf $\mathbb{N}$, kann durch seine *charakteristische Funktion* χ_T beschrieben werden, wobei

$$\chi_T(x) = \begin{cases} 1, & \text{falls } x \in T \\ 0 & \text{sonst} \end{cases}$$

Entsprechend wird die charakteristische Funktion für mehrstellige Prädikate definiert:

$$\chi_T(x_1, \cdots, x_n) = \begin{cases} 1, & \text{falls } <x_1, \cdots, x_n> \in T \\ 0 & \text{sonst} \end{cases}$$

Besonders für 2-stellige Prädikate ist auch der Begriff *Relation* sehr gebräuchlich. Umgekehrt kann natürlich jede Funktion mit Wertebereich $\{0, 1\}$ als charakteristische Funktion einer Menge interpretiert werden, so zum Beispiel die Funktionen $sg, \overline{sg}$. Oder ein Beispiel für eine 2-stellige Relation und ihre charakteristische Funktion:

$$\chi_{\leq}(x, y) = \overline{sg}(x \dot{-} y)$$

Es liegt nun auf der Hand, den Namen der Funktionsklasse unseres Abschnitts auch auf die Prädikate zu übertragen:

Definition. Ein *Prädikat* heisst *primitiv-rekursiv* genau dann, wenn seine charakteristische Funktion primitiv-rekursiv ist.

Alle vorhin angegebenen Beispiele fallen unter diesen Begriff. Man vergewissere sich etwa, dass auch das Prädikat der Gleichheit von zwei Zahlen primitiv-rekursiv ist.

Die Bezeichnung "Prädikat" wird natürlich vor allem in der Logik verwendet: $T(x)$ ist *wahr* genau dann, wenn $\chi_T(x) = 1$. In diesem Sinne können wir sofort verifizieren, dass die Negation eines primitiv-rekursiven Prädikates, beziehungsweise die Konjunktion und die Disjunktion von zwei solchen wieder primitiv-rekursiv sind:

$$\chi_{\neg T}(x) = 1 \dot{-} \chi_T(x)$$
$$\chi_{T \wedge V}(x) = \chi_T(x) \cdot \chi_V(x)$$
$$\chi_{T \vee V}(x) = sg(\chi_T(x) + \chi_V(x))$$

Wir wollen hier nochmals deutlich festhalten, dass der Mechanismus für die Erzeugung von primitiv-rekursiven Funktionen beziehungsweise Prädikaten schon ein verhältnismässig kräftiges Instrument darstellt. Zum Beispiel ist das Prädikat der Primzahleigenschaft einer Zahl n primitiv-rekursiv.

Es gibt nun Fälle von Rekursion, welche den Rahmen der bis dahin behandelten primitiven Rekursion zu sprengen scheinen; nämlich die Zurückführung des Funktionswertes auf mehr als einen Vorgänger bezüglich der Rekursionsvariablen y. Ein Beispiel liefern die bekannten Fibonaccizahlen:

$$f(0) = 0, \quad f(1) = 1$$
$$f(y+2) = f(y+1) + f(y)$$

Doch nach einem in der Theorie der Differentialgleichungen geläufigen Prinzip lässt sich diese Rekursion "höherer Ordnung" auf ein System von Rekursionsgleichungen "erster Ordnung" zurückführen, indem man substituiert: $f_1(y) = f(y)$, $f_2(y) = f(y+1)$, also:

$$f_1(0) = 0$$
$$f_2(0) = 1$$
$$f_1(y+1) = f_2(y)$$
$$f_2(y+1) = f_1(y) + f_2(y)$$

Damit ist auch klar, wie die allgemeine *simultane Rekursion* für m $(n+1)$-stellige Funktionen $f_1, \cdots, f_m$ aussehen muss. Wir schreiben der Lesbarkeit zuliebe die Gleichungen nur für $m = 2$ aus:

$$f_1(x, 0) = g_1(x)$$
$$f_2(x, 0) = g_2(x)$$
$$f_1(x, y+1) = h_1(x, y, f_1(x, y), f_2(x, y)) \tag{*}$$
$$f_2(x, y+1) = h_2(x, y, f_1(x, y), f_2(x, y))$$

Es bleibt zu zeigen, dass sich dieser Fall auf unser ursprüngliches primitives Rekursionsschema zurückführen lässt. Zu diesem Zwecke benötigen wir eine bijektive Kodierung der m-Tupel durch Zahlen (siehe unten). Es sei

$$C^m \colon \mathbb{N}^m \to \mathbb{N}$$

eine solche Funktion, und

$$D_i^m \colon \mathbb{N} \to \mathbb{N}$$

die i-te Komponente der Umkehrfunktion, dass heisst für alle k und m soll gelten:

$$C^m(D_1^m(k), D_2^m(k), \cdots, D_m^m(k)) = k$$

Damit definieren wir Funktionen g und h (wieder für $m = 2$ geschrieben):

$$g(x) = C^2(g_1(x), g_2(x))$$
$$h(x, y, z) = C^2(h_1(x, y, D_1^2(z), D_2^2(z)), h_2(x, y, D_1^2(z), D_2^2(z)))$$

und ein primitives Rekursionsschema für f:

$$f(x, 0) = g(x)$$
$$f(x, y+1) = h(x, y, f(x, y))$$

Schliesslich verifiziert man durch Einsetzen, dass die Funktionen f_i mit

$$f_i(x, y) = D_i^2(f(x, y)), \quad i = 1, 2$$

das Schema der simultanen Rekursion (∗) erfüllen.

Wir halten als Resultat fest: Falls es uns gelingt, primitiv-rekursive Kodierungs- und Dekodierungsfunktionen C^m, D_i^m zu finden, dann erhalten wir aus primitiv-rekursiven g_i, h_i auf dem Umweg über das ursprüngliche primitive Rekursionsschema wiederum primitiv-rekursive f_i. In Kapitel 3 wird gezeigt werden, dass es genau einen Satz von Funktionen f_i gibt, welcher das simultane Rekursionsschema erfüllt.

Die bis dahin hinausgeschobene Diskussion der eher technischen Frage, wie die C^m und D_i^m zu erhalten seien, soll jetzt nachgeholt werden. Bereits Cantor hat die durch Abbildung 1.2.1 angedeutete Aufzählung der Paare $<x_1, x_2>$ von natürlichen Zahlen vorgeschlagen.

$x_2 \backslash x_1$	0	1	2	3
0	0	1	3	6
1	2	4	7	
2	5	8		
3	9			

Abb. 1.2.1

Daraus kann leicht eine Kodierungsfunktion C^2 gewonnen werden:

Die Nummer des Paares $<x_1, 0>$ in der ersten Zeile ist $sum(x_1)$, wobei $sum(y)$ die im obigen Beispiel 4 eingeführte Summe der Zahlen von 1 bis y ist. Da das Paar $<x_1, x_2>$ in der (x_1+x_2)-ten Diagonale liegt, erhält es die Nummer

$$C^2(x_1, x_2) = sum(x_1 + x_2) + x_2$$

Die Bestimmung der Umkehrfunktionen D_1^2 und D_2^2 wird dem Leser als Übungsaufgabe überlassen. Hinweis: Man suche eine Rekursion für die Funktion E wo $E(n)$ = Nummer der Diagonale, in welcher das durch n kodierte Paar liegt. Die Funktion E macht jedesmal, wenn $n = sum(E(n))$, einen Sprung.

Jedenfalls sind C^2, D_1^2 und D_2^2 primitiv-rekursive Funktionen. Der allgemeine Fall $C^m, \cdots$ lässt sich schrittweise auf $m = 2$ zurückführen. Zum Beispiel erhält man mit dem Ansatz

$$C^3(x_1, x_2, x_3) = C^2(C^2(x_1, x_2), x_3) = k$$

auch sofort:

$$D_1^3(k) = x_1 = D_1^2(D_1^2(k))$$
$$D_2^3(k) = x_2 = D_2^2(D_1^2(k))$$
$$D_3^3(k) = x_3 = D_2^2(k)$$

Obwohl wir feststellen konnten, dass mit den primitiv-rekursiven Funktionen bereits eine interessante Funktionsklasse aufgebaut wird, gibt es doch wichtige Fälle, die damit noch nicht erfasst werden. So fehlt beispielsweise ein Mechanismus für die Gewinnung von Umkehrfunktionen. Mit einem solchen müssen zwangsläufig die partiellen Funktionen einbezogen werden, da auch totale Funktionen im allgemeinen nicht surjektiv sind. Zwar können viele Fälle auf der Stufe der primitiv-rekursiven Funktionen erledigt werden, nämlich wenn zu gegebenem Funktionswert $y = f(x)$ ein x gesucht wird, von dem man weiss, dass es, falls überhaupt existent, in einem durch y primitiv-rekursiv beschränkten Bereich liegen muss. (Beispiel $f(x) = x^2$).

Im allgemeinen muss jedoch, wie bei den in Abschnitt 1.1 eingeführten WHILE-Programmen, ohne solche Kenntnisse und vielleicht ad infinitum erfolglos gesucht werden.

Es scheint somit sinnvoll, ein Schema einzuführen, welches zu gegebenem f und y das kleinste allenfalls existierende x definiert, für welches $y = f(x)$.

Tatsächlich reicht ein solches Schema auch aus, um die Klasse der primitiv-rekursiven Funktionen in entscheidender Weise auszubauen.

Nach einer unwesentlichen Verallgemeinerung und Umbezeichnung kommen wir so auf das übliche μ-*Schema:*

$$f(x) = (\mu y)[h(x, y) = 0]$$

welches zu einer gegebenen partiellen $(n+1)$-stelligen Funktion h die n-stellige Funktion f erzeugt, wobei $f(x)$ die kleinste Zahl y ist, für welche $h(x, y) = 0$ wird, falls eine solche existiert.

Etwas genauer:

Definition. Die partielle Funktion f erfüllt das μ-Schema, genau dann wenn für alle x, z gilt:

$$f(x) = z \iff \begin{cases} h(x, y) \text{ ist definiert für alle } y \leq z, \\ h(x, z) = 0, \\ h(x, y) > 0 \text{ für alle } y < z \end{cases}$$

Es ist leicht zu sehen, dass zu gegebenem h genau ein f existiert, welches das Schema erfüllt, da zu jedem x höchstens ein z existiert, für welches die drei Bedingungen rechts gelten.

Ein einfaches Beispiel $(n = 1)$:
Mit $h(x,y) = |2^y - x|$ liefert das obige μ-Schema die partielle Funktion des Logarithmus zur Basis 2.

Das μ-Schema wurde zusätzlich eingefügt, um die Klasse der primitiv-rekursiven Funktionen erweitern zu können. Die damit verbundene Einführung der partiellen Funktionen zwingt uns aber, die Definitionen der anderen beiden Schemata im Hinblick darauf zu revidieren:

Definition. Seien $f_1, \cdots, f_m$ n-stellige partielle Funktionen, g eine m-stellige partielle Funktion. Die n-stellige partielle Funktion f erfüllt das *Kompositionsschema*

$$f(x) = g(f_1(x), \cdots, f_m(x))$$

genau dann wenn für alle x, w gilt:

$$f(x) = w \iff \begin{cases} f_1(x), \cdots, f_m(x) \text{ sind definiert,} \\ w = g(f_1(x), \cdots, f_m(x)) \end{cases}$$

Auch hier gibt es offensichtlich genau eine partielle Funktion f, welche das Schema erfüllt. Man beachte, dass die Definition ziemlich restriktiv angesetzt ist. Das heisst wenn zum Beispiel f_1 total ist, f_2 nicht total, ist dennoch

$$f(x_1, x_2) = U_1^2(f_1(x_1, x_2), f_2(x_1, x_2))$$

nur auf $dom(f_2)$ definiert, obwohl es auf den Wert von f_2 überhaupt nicht ankommt!

Definition. Seien g und h n-, bzw. $(n+2)$-stellige partielle Funktionen. Die $(n+1)$-stellige partielle Funktion f erfüllt das *Rekursionsschema:*

$$f(x, 0) = g(x)$$
$$f(x, y+1) = h(x, y, f(x, y))$$

genau dann wenn für alle x, y, w gilt:

$$f(x, 0) = w \iff w = g(x)$$
$$f(x, y+1) = w \iff \text{Es existiert ein } z, \text{ sodass } z = f(x, y) \text{ und } w = h(x, y, z)$$

Eine ähnliche Bemerkung wie vorher ist auch hier anzubringen. Aus der Definition lesen wir z.B. ab: Wenn für ein festes x die Funktion f an einer Stelle y nicht definiert ist, dann ist für alle $y' > y$ $f(x, y')$ ebenfalls nicht definiert; und zwar auch im Falle, wo h nicht von z abhängt.

Nun kann endlich die erweiterte Funktionsklasse definiert werden.

Definition. Die Menge der *partiell-rekursiven Funktionen* besteht genau aus den Funktionen, welche sich aus der Menge A der Ausgangsfunktionen durch endlich oft wiederholte Anwendung von Kompositions-, Rekursions- und μ-Schema bilden lassen. Die totalen partiell-rekursiven Funktionen heissen *rekursive Funktionen*.

Es gibt rekursive Funktionen, die nicht primitiv-rekursiv sind. Ein Beispiel dafür wird in Abschnitt 1.3 angegeben.

Schliesslich definieren wir, entsprechend zu den vorher eingeführten primitiv-rekursiven Prädikaten:

Definition. Ein Prädikat heisst *rekursiv*, oder *entscheidbar*, genau dann wenn seine charakteristische Funktion rekursiv ist.

Eine genauere Diskussion der Prädikate erfolgt in Abschnitt 1.4.

1.3 Äquivalenz von Berechenbarkeitsbegriffen

Nachdem in den vorangegangenen Abschnitten einerseits die Programmiersprache LOOP und die durch diese berechenbaren Funktionen, und andererseits die Menge der primitiv-rekursiven Funktionen eingeführt wurden, soll nun endlich die bereits angedeutete Äquivalenz der beiden Konstruktionen genau besprochen werden. Dasselbe gilt für das Begriffspaar WHILE-berechenbar/partiell-rekursiv.

Satz 1.3.1. Eine Funktion ist LOOP-berechenbar genau dann, wenn sie primitiv-rekursiv ist.

Beweis: In beiden zur Diskussion stehenden Funktionsklassen benötigen wir einen Zahlenparameter, der "rekursiv" definiert wird. Die Definitionen leuchten zwar unmittelbar ein, müssen jedoch aufgrund der in den Kapiteln 3 und 4 behandelten Sätze (Iterationslemma, Hauptsatz über syntaktische Strukturen) erst noch abgesichert werden.

Bei den primitiv-rekursiven Funktionen gehen wir von der Menge $P_0 = A$ der Ausgangsfunktionen aus und definieren für $k = 0, 1, \cdots P_{k+1}$ als Menge der Funktionen, die sich aus solchen in P_k durch einmalige Anwendung von Kompositions-, beziehungsweise Rekursionsschema bilden lassen. Es gilt: $P_0 \subseteq P_1 \subseteq P_2 \subseteq \cdots$

Für LOOP-Programme Π definieren wir eine Länge $l(\Pi)$ folgendermassen:

- Falls Π eine Wertzuweisung ist: $l(\Pi) = 1$

- $l(\Pi_1 ; \Pi_2) = l(\Pi_1) + l(\Pi_2)$

- $l(\text{ loop } x_i \text{ do } \Pi \text{ od }) = l(\Pi) + 1$

Nun zum eigentlichen Beweis:

1) Primitiv-rekursiv $\Rightarrow$ LOOP-berechenbar:

Durch Induktion nach k wird gezeigt, dass zu jeder Funktion f aus P_k ein LOOP-Programm existiert, welches f berechnet:

Verankerung bei $k = 0$: Die Ausgangsfunktionen sind trivialerweise LOOP-berechenbar.

Induktionsschritt: Die Behauptung gelte für P_k. Dann bilden wir

- mit dem Kompositionsschema

$$f(x) = g(f_1(x), \cdots, f_m(x))$$

aus $g, f_1, \cdots, f_m \in P_k$ eine Funktion $f \in P_{k+1}$, die durch das folgende Programm berechnet wird:

$$\text{``}z_1 := f_1(x)\text{''};$$

$$\vdots$$

$$\text{``}z_m := f_m(x)\text{''};$$
$$\text{``}x_1 := g(z_1, \cdots, z_m)\text{''}$$

-     mit dem Rekursionsschema

$$f(x, 0) = g(x)$$
$$f(x, y+1) = h(x, y, f(x, y))$$

aus $g, h \in P_k$ eine Funktion $f \in P_{k+1}$, die durch das folgende Programm berechnet wird:

$$y' := 0; \ \text{``}z := g(x)\text{''};$$
$$\textbf{loop } y \textbf{ do } \text{``}z := h(x, y', z)\text{''}; \ y' := S(y') \textbf{ od};$$
$$x_1 := z$$

2) LOOP-berechenbar $\Rightarrow$ primitiv-rekursiv:

Durch Induktion nach k zeigen wir, dass alle durch Programme Π mit Länge $l(\Pi) \leq k$ berechneten Funktionen primitiv-rekursiv sind.

Verankerung bei $k = 1$: Offenbar werden durch die Wertzuweisungen primitiv-rekursive Funktionen berechnet.

Induktionsschritt: Die Behauptung gelte für k. Jedes Programm mit Länge $k+1$ wird auf eine der folgenden beiden Arten gebildet:

-     Sei $l(\Pi_1), l(\Pi_2) \leq k$. Die durch $\Pi_1; \Pi_2$ berechneten Funktionen lassen sich in offensichtlicher Weise durch das Kompositionsschema darstellen.

-     Sei $\Pi \in \text{LOOP}_n, l(\Pi) \leq k$; Π berechne an der i-ten Stelle die Funktion ϕ_i. Die ϕ_i sind also primitiv-rekursiv. Dann berechnet das Programm $\Pi' = \textbf{loop } y \textbf{ do } \Pi \textbf{ od}$ $(y \notin \{x_1, \cdots, x_n\})$ die Funktionen ϕ'_i, welche durch das simultane Rekursionsschema

$$\left. \begin{array}{l} \phi'_i(x, 0) = U_i^n(x) \\[2ex] \phi'_i(x, y+1) = \phi_i(\phi'_1(x, y), \cdots, \phi'_n(x, y)) \end{array} \right\} \quad i = 1, \cdots, n$$

definiert, also wieder primitiv-rekursiv sind, sowie $\phi'_{n+1}(x, y) = y$.

$$\square$$

Der entsprechende Satz für die erweiterten Funktionsklassen lautet:

Satz 1.3.2. *Eine Funktion ist WHILE-berechenbar genau dann, wenn sie partiell-rekursiv ist.*

Beweis: Um diesen Satz zu beweisen, sind nur noch die Zusätze zu besprechen, welche gegenüber vorher neu sind.

1) Das μ-Schema liefert wieder eine WHILE-berechenbare Funktion. Sei also h partiell-rekursiv und WHILE-berechenbar, die Funktion f definiert durch

$$f(x) = (\mu y)[h(x,y) = 0]$$

Das Programm

$$y := 0; \text{``}z := h(x,y)\text{''};$$
$$\textbf{while } z \neq 0 \textbf{ do } y := S(y); \text{``}z := h(x,y)\text{''} \textbf{ od}$$

berechnet $f(x)$ als Wert von z genau im Definitionsbereich von f. Somit ist f WHILE-berechenbar.

2) Durch Anwendung der WHILE-Konstruktion werden wieder partiell-rekursive Funktionen berechnet. Das Programm $\Pi \in \text{WHILE}_n$ möge die partiell-rekursiven Funktionen ϕ_j an der j-ten Stelle berechnen. Wir betrachten dann das Programm

$$\Pi' = \textbf{ while } x_i \neq 0 \textbf{ do } \Pi \textbf{ od}$$

Das simultane Rekursionsschema

$$\left. \begin{array}{l} \psi_j(x,0) = U_j^n(x) \\[2em] \psi_j(x,y+1) = \phi_j(\psi_1(x,y), \cdots, \psi_n(x,y)) \end{array} \right\} \quad j = 1, \cdots, n$$

definiert partiell-rekursive Funktionen ψ_j. $\psi_j(x,y)$ ist offenbar der Wert der Variablen x_j, falls das Programm Π ausgehend von der Anfangsbelegung x, y-mal gelaufen ist. Die Funktion w:

$$w(x) = (\mu y)[\psi_i(x,y) = 0]$$

gibt die kleinste Anzahl Durchläufe an, nach welcher $x_i = 0$ wird, falls es je soweit kommt. Also berechnet Π' die partiell-rekursiven Funktionen

$$\phi'_j(x) = \psi_j(x, w(x)), j = 1, \cdots, n$$

$$\square$$

Aufgrund der Definitionen in den Abschnitten 1.1 und 1.2 ist die Klasse der LOOP-berechenbaren (primitiv-rekursiven) Funktionen in derjenigen der WHILE-berechenbaren (partiell-rekursiven) enthalten. Jedoch wurde bisher noch nicht untersucht, ob es sich dabei um eine nichttriviale Teilmengenbeziehung handelt (selbstverständlich ist jede nicht totale WHILE-berechenbare Funktion nicht LOOP-berechenbar). Dies wird nun nachgeholt:

Satz 1.3.3. Es gibt totale WHILE-berechenbare Funktionen, die nicht LOOP-berechenbar sind, sowie Funktionen, die nicht WHILE-berechenbar sind.

Beweis: Zunächst konstruieren wir eine totale Funktion f, welche nicht LOOP-berechenbar ist. Die Idee hiefür beruht auf dem Prinzip des *busy beaver*:

Es sei $f(n)$ die grösste Zahl, welche von einem LOOP-Programm Π mit Länge $l(\Pi) \leq n$ auf der Anfangsbelegung $x_1 = x_2 = \cdots = 0$ an der ersten Stelle berechnet wird. Offensichtlich ist f total und wächst streng monoton.

Annahme: f ist LOOP-berechenbar. Dann ist auch g mit $g(n) = f(2n)$ LOOP-berechenbar, und es existiert ein LOOP-Programm Π_0 der Länge k, welches g (an der ersten Stelle) berechnet. Für ein beliebiges h betrachten wir das Programm

$$\underbrace{x_1 := S(x_1); \ \cdots \ ; x_1 := S(x_1);}_{h-\text{mal}} \Pi_0$$

Dieses liefert auf der Anfangsbelegung $x_1 = \cdots = 0$ in x_1 den Wert $f(2h)$ und hat die Länge $h+k$, also für $h>k$ eine Länge $<2h$. Dies ist ein Widerspruch zur Definition von f, also ist f *nicht LOOP-berechenbar*.

Der Nachweis dafür, dass f WHILE-berechenbar ist, soll hier nicht ausgeführt werden. Er bietet zwar keine grundsätzlichen Schwierigkeiten, wäre jedoch recht langwierig und würde im wesentlichen darin bestehen, dass man ein WHILE-Programm konstruiert, welches alle LOOP-Programme beschränkter Länge - deren Anzahl ist LOOP-berechenbar - für eine gegebene Anfangsbelegung interpretiert (siehe auch Kapitel 5).

Die Richtigkeit des zweiten Teils unseres Satzes folgt schon aus mengentheoretischen Überlegungen: Es gibt nur abzählbar viele WHILE-Programme, aber überabzählbar viele Funktionen $\mathbb{N} \rightarrow \mathbb{N}$. Ein konkretes Beispiel für eine (totale) nicht WHILE-berechenbare Funktion erhält man ebenfalls nach der busy beaver-Methode: Sei $f(n)$ die grösste Zahl, welche durch ein WHILE-Programm der Länge $\leq n$, das auf der Anfangsbelegung $x_1 = x_2 = \cdots = 0$ hält, berechnet wird. Die Länge der WHILE-Programme wird natürlich analog zu derjenigen bei LOOP definiert.

$\square$

1.4 Aufzählbarkeit

In Abschnitt 1.2 wurde der Begriff des primitiv-rekursiven, beziehungsweise rekursiven Prädikates eingeführt. Wir sprechen jetzt lieber von Teilmengen $W \subseteq \mathbb{N}$ und halten nochmals fest:

-   Die Menge W heisst *primitiv-rekursiv* genau dann, wenn ihre charakteristische Funktion primitiv-rekursiv ist, das heisst, wenn es ein LOOP-Programm gibt, das zu einer gegebenen Zahl x entscheidet, ob $x \in W$.

-   Die Menge W heisst *rekursiv* genau dann, wenn ihre charakteristische Funktion rekursiv ist, das heisst, wenn es ein WHILE-Programm gibt, das in jedem Falle hält und zu einem gegebenen x entscheidet, ob $x \in W$.

Um die letzte Eigenschaft noch weiter abzuschwächen, liegt es auf der Hand, die partiellen Funktionen heranzuziehen. Wir kommen etwas weiter unten auf diese Idee zurück, versuchen jedoch zunächst einen anderen Weg, nämlich eine Menge durch effektive Aufzählung ihrer Elemente zu definieren. Genauer: Wir betrachten sämtliche Funktionswerte $f(0), f(1), f(2), \cdots$ einer rekursiven Funktion f, wobei uns die Tatsache, dass im allgemeinen die gleiche Zahl mehrmals produziert wird, nicht stören soll. So setzen wir fest:

Definition. Eine Menge $W \subseteq \mathbb{N}$ heisst *rekursiv aufzählbar* genau dann, wenn sie Wertebereich einer einstelligen rekursiven Funktion oder leer ist.

Die Verbindung zu den rekursiven Mengen, insbesondere die Bestätigung, dass letztere wirklich einen Spezialfall darstellen, liefert der folgende

Satz 1.4.1. Eine Menge $W \subseteq \mathbb{N}$ ist rekursiv genau dann, wenn sowohl sie selber als auch ihr Komplement $\overline{W}$ rekursiv aufzählbar sind.

Beweis: Sei W rekursiv, nicht leer. Wir definieren f durch

$$f(x) = \begin{cases} x, & \text{falls } x \in W \\ \\ \underset{y \in W}{Min}(y) & \text{sonst} \end{cases}$$

also

$$f(x) = \chi_W(x) \cdot x + (1 \dot{-} \chi_W(x)) \cdot (\mu y)[1 \dot{-} \chi_W(y) = 0]$$

Offenbar ist f rekursiv und $W = ran(f)$. Trivialerweise kann auch $\overline{W}$ durch eine rekursive Funktion aufgezählt werden.

Seien umgekehrt W und $\overline{W}$ rekursiv aufzählbar, und zwar mittels der rekursiven Funktionen f_1 und f_2. Dann berechnet das folgende WHILE-Programm die charakteristische Funktion von W an der Stelle x als Wert von χ:

```
"u := 1" ; i := 0;
while u ≠ 0 do  "a := f₁(i)";  "b := f₂(i)";  "u := |a−x| · |b−x|";  i := i+1 od
"χ := s̄ḡ(|a−x|)"
```

Da das Programm für jedes x hält, ist χ_W rekursiv.

$\square$

Wir kommen auf die vorherige Bemerkung betreffend partielle Funktionen zurück. Es gelten nämlich die folgenden beiden, fast trivialen Sätze:

Satz 1.4.2. Jede rekursiv aufzählbare Menge ist Definitionsbereich einer partiell-rekursiven Funktion.

Beweis: Sei f rekursiv, $W = ran(f)$. g sei definiert durch

$$g(x) = (\mu y)[|x - f(y)| = 0]$$

Dann ist $W = dom(g)$. Für leere W ist der Beweis trivial.

$\square$

Satz 1.4.3. Zum Definitionsbereich W einer partiell-rekursiven Funktion f existiert eine partiell-rekursive Funktion g mit W als Wertebereich.

Beweis: Sei f partiell rekursiv, $W = dom(f)$. g werde definiert durch

$$g(x) = x + Z_1(f(x))$$

wo Z_1 die einstellige Null-Funktion ist. Dann gilt: $W = ran(g)$.

$\square$

Etwas weniger selbstverständlich ist der

Satz 1.4.4. Der Wertebereich einer partiell-rekursiven Funktion ist rekursiv aufzählbar.

Der Beweis wird auf Abschnitt 5.2 verschoben.

Mit diesem letzten Satz ist der Kreis geschlossen. Als Resultat sei nochmals festgehalten, dass die rekursiv aufzählbaren Mengen genau die Definitionsbereiche der partiell rekursiven Funktionen sind. Wir machen hier zum erstenmal eine Feststellung, die uns später in verschiedenen Abwandlungen wieder begegnen wird, nämlich dass derselbe ''Mechanismus'' - im Moment ist es das WHILE-Programm - gleichermassen dazu dienen kann, eine Menge zu *erzeugen* oder zu *entscheiden*. Falls der Entscheidungsmechanismus, wie hier bei den rekursiv aufzählbaren Mengen, nur im positiven Falle, das heisst, wenn das fragliche Element zur Menge gehört, nach endlich vielen Schritten eine Antwort liefert, sagt man, dass die Menge durch den Mechanismus *akzeptiert* werde.

Ferner behauptet der letzte Satz, dass jede ''partiell-rekursiv aufzählbare'' Menge rekursiv aufzählbar ist. Eine Verschärfung in der anderen Richtung bildet die Aussage, wonach jede rekursiv aufzählbare Menge sogar ''primitiv-rekursiv aufzählbar'' ist. Es gilt nämlich der von Rosser (siehe [Hermes]) stammende

Satz 1.4.5. Jede nicht leere rekursiv aufzählbare Menge ist Wertebereich einer primitiv-rekursiven Funktion.

Auch dieser Beweis soll später nachgeholt werden, (Abschnitt 5.3).

Selbstverständlich benützt man für die entsprechenden Definitionen bei Mengen von n-Tupeln ($n \geq 1$) - oder eben: bei n-stelligen Prädikaten - die in Abschnitt 1.2 eingeführten primitiv-rekursiven Kodierfunktionen C^n:

Definition. Eine Menge $W \subseteq N^n$ heisst *rekursiv (rekursiv aufzählbar)* genau dann, wenn $\{C^n(x_1, \cdots, x_n) \mid <x_1, \cdots, x_n> \in W\}$ rekursiv (rekursiv aufzählbar) ist.

Und damit können wir die Beziehung zwischen dem Berechenbarkeits- und dem Aufzählbarkeitsbegriff auch folgendermassen formulieren:

Satz 1.4.6. Sei $f: N \to N$, das heisst eine funktionale Paarmenge $f \subseteq N^2$. Dann ist f eine partiell-rekursive Funktion genau dann, wenn es als Paarmenge (Graph von f) rekursiv aufzählbar ist.

Beweis: Die Aussage des Satzes ist recht einleuchtend. Sein Beweis möge immerhin dazu dienen, den Gebrauch des eingeführten Formalismus etwas zu üben. Ein $f \neq \varnothing$ ist also rekursiv aufzählbar genau dann, wenn $W = \{C^2(x,y) \mid <x,y> \in f\}$ diese Eigenschaft besitzt. Dies sei der Fall. Dann existiert eine rekursive Funktion h mit $W = ran(h)$, und die Funktion f lässt sich darstellen als

$$f(x) = D_2^2(h((\mu z)[D_1^2(h(z)) = x]))$$

ist also partiell-rekursiv (D_i^2 sind die Komponenten der Umkehrfunktion von C^2).

Sei umgekehrt f partiell-rekursiv. Dann ist auch die Funktion g mit

$$g(z) = (\mu v)[f(D_1^2(z)) = D_2^2(z)]$$

partiell-rekursiv. Da aber $W = dom(g)$, ist W, und damit auch f, rekursiv aufzählbar. $\square$

Nach den bisherigen Ausführungen können wir die folgenden vier Fälle von Mengen W unterscheiden:

1) W primitiv-rekursiv (und damit auch $\overline{W}$ primitiv-rekursiv).

2) W rekursiv (W und $\overline{W}$ rekursiv aufzählbar), nicht primitiv-rekursiv.

3) W rekursiv aufzählbar, $\overline{W}$ nicht rekursiv aufzählbar.

4) Weder W noch $\overline{W}$ rekursiv aufzählbar.

Es ist wohl nicht ganz überflüssig sich zu überlegen, dass die Klassen 2) bis 4) nicht leer sind. Denn aus der früher bewiesenen Existenz von gewissen Funktionen (zum Beispiel rekursiven, nicht primitiv-rekursiven) kann nicht ohne weiteres auf die Existenz von *charakteristischen* Funktionen aus derselben Klasse geschlossen werden.

Zu 2): Durch ein einfaches Diagonalisierungsverfahren kann direkt eine rekursive, nicht primitiv-rekursive charakteristische Funktion konstruiert werden:

Aus den Gründen, die am Schluss von Abschnitt 1.3 aufgeführt wurden, lassen sich die primitiv-rekursiven Funktionen, und daher unter Verwendung der *sg*-Funktion auch die primitiv-rekursiven charakteristischen Funktionen explizit rekursiv abzählen. Es sei c_n die n-te primitiv-rekursive charakteristische Funktion, $g(x) = 1 \dot{-} c_x(x)$. g ist rekursiv. Annahme: g sei primitiv-rekursiv. Dann existiert ein k, sodass $g = c_k$. Damit gilt: $g(k) = c_k(k)$, aber wegen der Definition von g auch $g(k) = 1 \dot{-} c_k(k)$. Also ist die Annahme falsch.

Zu 3): In Kapitel 5 wird gezeigt werden, dass es unentscheidbare, rekursiv aufzählbare Prädikate gibt.

Zu 4): Es gibt nur abzählbar viele rekursiv aufzählbare Mengen, aber überabzählbar viele Mengen (von natürlichen Zahlen) überhaupt.

Übungsaufgaben zum Kapitel 1

1-1. Man schreibe ein LOOP-Programm für

a)   die Funktionen $f(x,y) = x \mathbf{\,div\,} (y+1)$, $f(x) = \lfloor{}^2\!\log(x+1)\rfloor$. (Für reelle x ist $\lfloor x \rfloor$ die grösste ganze Zahl $\leq x$),

b)   die Konstruktion **if** $t(x) = 0$ **then** Π_2 **else** Π_3, wo Π_1, Π_2, Π_3 gegebene LOOP-Programme sind, Π_1 ein Programm für die Funktion t ist,

c)   die charakteristische Funktion des Primzahlprädikats.

1-2. Man schreibe ein LOOP-Programm für $f_N(x)$, N fest, wobei: $f_{n+1}(x) = f_n^{(x)}(1)$, $f_0(x)$ durch ein LOOP-Programm Π_0 gegeben. ($f_n^{(x)}$ bezeichnet dabei die ''x-fach Iterierte'' von f_n).

1-3. Man programmiere in LOOP die beiden Array-Operationen ''$y := A[x]$'' und ''$A[x] := y$''. Index- und Wertebereich der Arrays soll $\mathbb{N}$ sein. Falls in $A[x]$ noch nichts abgespeichert worden ist, soll ''$y := A[x]$'' den Wert 0 übergeben. [Hinweis: Zur Kodierung der Arrays in natürliche Zahlen verwende man die Funktion C^2.]

1-4. Die Funktion f: $\mathbb{N} \to \mathbb{N}$ ist durch folgende Gleichungen gegeben:

$$\begin{aligned}
f(0) &= 2 \\
f(2n) &= f(n)\cdot f(n), \quad n = 1, 2, \cdots \\
f(2n+1) &= f(n)+1, \quad n = 0, 1, \cdots
\end{aligned}$$

-   Man vergewissere sich, dass dadurch f überall definiert ist und berechne $f(42)$.

-   Ist f injektiv, surjektiv?

-   Ist f LOOP-berechenbar?

1-5. Es soll durch Angabe der benötigten Kompositions- und Rekursionsschemata verifiziert werden, dass die folgenden Funktionen, bzw. Prädikate primitiv-rekursiv sind:

a) Z_2 (2-stellige konstante Nullfunktion),

$\dot{-}$,

div (beliebig erweitert für Division durch Null),

b) $G(x,y) \Longleftrightarrow x = y$,

$Q(x) \Longleftrightarrow x$ ist eine Quadratzahl,

$x|y \Longleftrightarrow x$ teilt y,

c) $P(x,y) \Longleftrightarrow \forall z{\leq}x \,, f(z) > g(y)$, f, g primitiv-rekursiv.

d)   Beschränktes μ-Schema:

$$f(x,z) = \begin{cases} (\mu y)[y{\leq}z \,\wedge\, h(x,y) = 0], & \text{falls existiert} \\ z+1 & \text{sonst} \end{cases}$$

h primitiv-rekursiv.

e) $p(n) = n$-te Primzahl

1-6. Die *Ackermann-Funktion* ist durch folgende Gleichungen rekursiv definiert:

$$A(0,y) = y+1$$
$$A(x+1,0) = A(x,1)$$
$$A(x+1,y+1) = A(x,A(x+1,y))$$

Man zeige, dass A für ein beliebiges festes x eine 1-stellige primitiv-rekursive Funktion von y ist.

Bemerkung: A ist als 2-stellige Funktion nicht primitiv-rekursiv. Diese Tatsache folgt aus dem hier nicht bewiesenen Satz, wonach zu jeder 1-stelligen primitiv-rekursiven Funktion f eine Konstante c existiert, sodass für alle x gilt: $f(x)<A(c,x)$.

1-7. Welche der folgenden Mengen sind rekursiv aufzählbar, rekursiv, primitiv-rekursiv?

a) $Pot = \{n \in \mathbb{N} \mid \exists x, y \geq 2, x^y = n\}$

b) $Fib = \{n \in \mathbb{N} \mid n$ ist Fibonacci–Zahl$\}$
      (Die Fibonacci-Zahlen f_n werden definiert durch: $f_0 = 0$, $f_1 = 1$, $f_{n+2} = f_{n+1}+f_n$, $n = 0, 1, \cdots$)

c) $Ferm_1 = \{<x,y,z,n> \in \mathbb{N}^4 \mid x^n+y^n = z^n\}$

d) $Ferm_2 = \{n \in \mathbb{N} \mid \exists x, y, z \in \mathbb{N}-\{0\}, x^n+y^n = z^n\}$

e) $Pol = \{<a_0, \cdots, a_n> \in \mathbb{N}^{n+1} \mid \exists x \in \mathbb{Z}, \sum_{i=0}^{n} a_i\, x^i = 0\}$

1-8. Man beweise: Der Wertebereich einer streng monoton wachsenden rekursiven Funktion f: $\mathbb{N} \to \mathbb{N}$ ist rekursiv.

1-9. Man beweise: Jede unendliche rekursiv aufzählbare Menge enthält eine unendliche rekursive Teilmenge.

1-10. a) Man zeige, unter Benützung der vorher diskutierten Operationen, bzw. Prädikate, dass die folgende Funktion partiell-rekursiv ist: $f(x_1, x_2) =$ kleinste Primzahl, welche $|x_1-x_2|$ teilt.

b)   Man dehne $dom(f)$ auf $\mathbb{N}^2$ aus, sodass die Funktion primitiv-rekursiv wird.

c)   Gelten folgende Aussagen: Jede partiell-rekursive Funktion mit [primitiv-] rekursivem Definitionsbereich lässt sich zu einer [primitiv-] rekursiven Funktion erweitern? (Siehe auch Übungsaufgabe 5-2)

2 Automaten und formale Sprachen

2.1 Produktionsgrammatiken

Das ganze Kapitel 1 war dem Studium der Funktionen auf den natürlichen Zahlen, insbesondere dem Problem der Berechenbarkeit und der Bildung von Funktionsklassen gewidmet. Dabei wurde auch die enge Beziehung zwischen Funktionen und Teilmengen herausgearbeitet: Jede Funktion lässt sich als Menge (eine n-stellige Funktion als $(n+1)$-Tupelmenge), jede Menge als Funktion (charakteristische Funktion) interpretieren.

In Kapitel 2 kommt nun ausschliesslich die andere der beiden grundlegenden Datenstrukturen zum Zuge: diejenige der *Wortmengen* über einem endlichen Alphabet. Auch hier werden wir verschiedene Mechanismen kennenlernen, welche es erlauben, Wortmengen zu definieren und diese zu klassifizieren.

Wir werden im folgenden immer ein endliches Alphabet T zugrundelegen. Mit T^* soll die Menge aller endlichen Wörter, die sich mit Zeichen aus T bilden lassen, bezeichnet werden. Dazu gehört auch das leere Wort ε. Die Länge eines Wortes $w \in T^*$ bezeichnen wir mit $|w|$. Nach einer Terminologie, die sich allgemein eingebürgert hat, nennen wir Teilmengen $L \subseteq T^*$ *Sprachen* über dem Alphabet T. Man beachte, dass mit diesem Begriff - im Gegensatz zum umgangssprachlichen Gebrauch - an sich noch keinerlei Bedeutung verbunden ist. Dieser Umstand wird dadurch noch etwas deutlicher gemacht, dass man häufig von *formalen Sprachen* spricht.

Ein einfaches Beispiel für eine Sprache L über $T = \{a, b\}$:

$$L = \{a, ab, abb, abbb, \cdots\} = \{ab^k \mid k \geq 0\}$$

An dieser Stelle sei nur kurz auf ein Definitions-Hilfsmittel hingewiesen, das dem Leser vom Programmierunterricht her bekannt sein dürfte, und auf welches wir in Kapitel 4 zurückkommen werden, nämlich das Syntax-Diagramm. Unser Beispiel könnte so beschrieben werden:

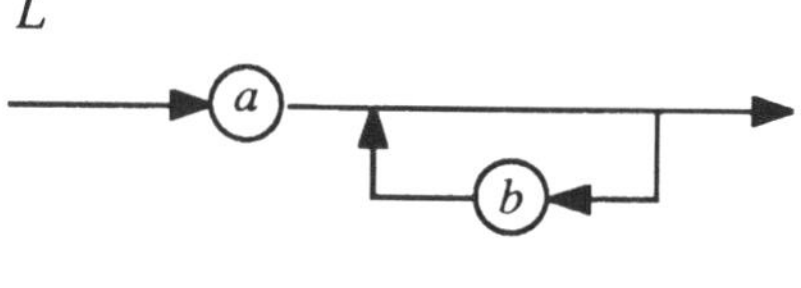

Abb. 2.1.1

Die Meinung ist offenbar, dass ein Wort w genau dann zur Sprache L gehört, wenn es möglich ist, das Diagramm so zu durchlaufen, dass man dabei gerade die Zeichen von w in der richtigen Reihenfolge antrifft.

Auch die in Abschnitt 1.1 eingeführte Programmiersprache $LOOP_n$ ist eine "Sprache" in diesem Sinne. Das Alphabet T besteht aus den Grundsymbolen - es ist durch die Beschränkung der Variablenzahl endlich gemacht worden - ; die Wörter der Sprache sind die gemäss der LOOP-Syntax zur Kategorie "Programm" gehörenden Zeichenreihen. Gerade an diesem Beispiel wird deutlich, dass man sehr oft eine formale Sprache im Hinblick auf einen bestimmten Zweck einführt und ihr eine Bedeutung unterlegt. Man spricht dann von der *Semantik* der Sprache. Dazu siehe Kapitel 4. In diesem Kapitel geht es ausschliesslich um die *Syntax*, das heisst um das Problem der formalen Definition der Wortmenge.

Als erstes stellen wir einen Formalismus zur Syntax-Definition vor, der aus Versuchen entstanden ist, die Syntax natürlicher Sprachen mathematisch zu erfassen. Das sind die sogenannten *Produktionsgrammatiken*, welche sich gerade für die Theorie als ein nützliches Werkzeug erwiesen haben und es erlauben, auf eine recht natürliche Art Sprachklassen zu bilden.

Das Alphabet T, aus welchem die Wörter der Sprache gebildet werden, heisst *Terminalalphabet*. Für eine Grammatik benötigt man dazu noch ein zusätzliches Hilfsalphabet, das sogenannte *Nichtterminalalphabet N*. Die beiden Alphabete seien immer disjunkt ($T \cap N = \varnothing$).

Eine *Grammatik G* über T, N ist eine endliche Menge von Wortpaaren $<u, v>$; $u, v \in (T \cup N)^*$. Anstelle von $<u, v>$ schreiben wir in diesem Zusammenhang $u \rightarrow v$, und wir nennen diese Paare *Produktionen*.

Schliesslich benötigen wir noch zwei Relationen auf Wortmengen, nämlich: $x \Rightarrow y$ ("y ist aus x direkt herleitbar") genau dann, wenn eine Produktion $u \rightarrow v \in G$ existiert, sodass u in x als Teilwort enthalten ist; und y entsteht, indem man in x u durch v ersetzt. Das heisst es existieren Wörter w, z, sodass $x = wuz, y = wvz$.

Die andere Relation ist $x \overset{*}{\Rightarrow} y$ ("y ist aus x herleitbar") genau dann, wenn eine Sequenz von Wörtern $x = x_1, x_2, \cdots, x_n = y$ ($n \geq 1$) existiert, sodass $x_i \Rightarrow x_{i+1}$ für $i = 1, \cdots, n-1$. " $\overset{*}{\Rightarrow}$ " ist also die reflexiv-transitive Hülle von " $\Rightarrow$ ". (Die Gefahr einer Verwechslung mit den Zeichen "$\rightarrow$", " $\Rightarrow$ " als logische Implikation innerhalb von aussagenlogischen Formeln, beziehungsweise im Text, dürfte kaum bestehen).

Eine Grammatik G, zusammen mit einem ausgezeichneten Nichtterminalsymbol $S \in N$, dem "Startsymbol", definiert nun die Sprache

$$L_S(G) = \{w \in T^* \mid S \overset{*}{\Rightarrow} w\}$$

also die Menge aller Wörter über dem Terminalalphabet, die sich aus dem Startsymbol herleiten lassen.

Nochmals das vorherige Beispiel:

$$T = \{a, b\}, N = \{S\}, G = \{S \rightarrow a, S \rightarrow ab, b \rightarrow bb\}$$

Eine Herleitungssequenz $(x_1, x_2, \cdots)$ könnte dann etwa lauten:

$$\underline{S}, ab, abb, \underline{abbb}$$

Der Leser wäre von sich aus vielleicht eher auf eine rekursive Variante gekommen:

$$G = \{S \to a, S \to Sb\}$$

Die Herleitungssequenz für dasselbe Wort wäre dann:

$$\underline{S}, Sb, Sbb, Sbbb, \underline{abbb}$$

Das entsprechende Syntaxdiagramm ist:

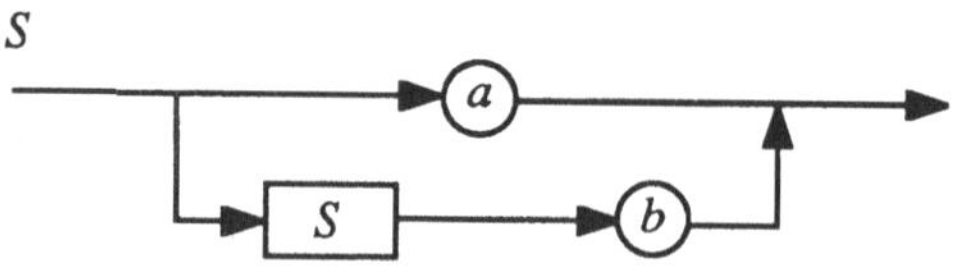

Abb. 2.1.2

(Terminal- und Nichtterminalsymbole werden zweckmässigerweise durch die Form der Kästchen unterschieden).

An diesem banalen Beispiel wird schon deutlich sichtbar, dass sich ein und dieselbe Sprache durch ganz verschiedene Grammatiken definieren lässt. Wir empfehlen dem Leser, dem diese Denkart noch unvertraut ist, die Syntax von LOOP_n sowohl als Grammatik wie auch durch Syntaxdiagramme darzustellen. Man benötigt für jede syntaktische Kategorie ein Nichtterminalsymbol, also hier ausser dem Startsymbol $S = $ ''Programm'' je eines für ''Variable'' und ''Wertzuweisung''. Die Menge der Wertzuweisungen besteht dann zum Beispiel genau aus den Terminalwörtern, die sich aus dem entsprechenden Nichtterminalsymbol herleiten lassen. Ferner gehört hier zu jedem der drei Nichtterminalsymbole je ein Syntaxdiagramm.

Durch sukzessive Einschränkung der Art von Produktionen entsteht eine wichtige, von N. Chomsky eingeführte *Klassifizierung* der Grammatiken und damit der durch sie definierten Sprachen. Wir definieren vier Klassen durch Bedingungen, die für die Produktionen $u \to v$ gelten sollen:

(0)   Keine Bedingungen.

(1)   Nichtverkürzende Grammatiken: $|u| \le |v|$

(2)   Kontextfreie Grammatiken: $u \in N, v \ne \varepsilon$

(3)   Reguläre Grammatiken: mit $a \in T, A \in N$ ist $u \in N, v = aA$ oder $v = a$.

Zu diesen Definitionen gibt es einiges zu bemerken:

Offensichtlich ist jede Klasse in den vorhergehenden enthalten. Wir bleiben allerdings vorläufig den Beweis dafür schuldig, dass diese Inklusionen *echt* sind. Bei der Definition der kontextfreien, beziehungsweise regulären Sprachen möchte man nicht ausschliessen, dass eine solche auch das leere Wort ε enthalten kann. Dies kann aber nur mit einer Produktion $u \to \varepsilon$ erreicht werden. Zwar ist eine solche Grammatik dann nicht mehr nichtverkürzend; doch zeigt es sich, dass bis auf den trivialen Unterschied, dass jetzt auch ε zur Sprache gehören kann, dieselben Sprachklassen entstehen.

Die Grammatiken der Klasse (0), also ohne Beschränkungen, geben gerade die Klasse der *rekursiv aufzählbaren* Sprachen. Um diese Aussage sinnvoll zu machen, benötigt man eine Kodierung von Wörtern über T durch natürliche Zahlen (siehe Abschnitt 5.1). Den Beweis für die Gleichheit der beiden Klassen führen wir hier nicht aus, da er recht langwierig ist. Es wird dazu mit Vorteil die Charakterisierung der rekursiv aufzählbaren Mengen durch Turing-Maschinen (siehe Kapitel 6) verwendet.

Die der Klasse (1) entsprechenden Sprachen sind *rekursiv*: Zu einer festen Grammatik G lässt sich für jedes Wort $w \in L_S(G)$ eine primitiv-rekursiv berechenbare Schranke $q = f(|w|)$ angeben, sodass sicher eine Herleitungssequenz für w existiert, die nicht länger als q ist. Also kann zu gegebenem w in endlich vielen Schritten entschieden werden, ob $w \in L_S(G)$. Die detaillierte Ausführung dieser Überlegung ist eine leichte Übungsaufgabe.

Für die Grammatiken von (1) findet man gelegentlich auch die Bezeichnung "kontext-sensitiv". Es ist jedoch sinnvoller, diesen Namen für den (Klasse (2) umfassenden) Spezialfall zu verwenden, in welchem für die Produktionen folgende Bedingungen gelten:

$$u = xAy, \ v = xzy$$
$$\text{wo } A \in N, \ x, y, z \in (T \cup N)^*, \ z \neq \varepsilon$$

(Das Nichtterminalsymbol A wird im Kontext x, y durch das Wort z ersetzt. Vergleiche Klasse (2)).

Die Klasse (2) der kontextfreien Grammatiken ist diejenige, für welche die Syntaxdiagramme angewendet werden können. Allerdings wird in letzteren von gewissen Vereinfachungen und Erweiterungen (zum Beispiel Repetitionsschleifen) Gebrauch gemacht, welche in den Grammatiken nicht zur Verfügung stehen, die jedoch die Sprachklasse nicht erweitern (Stichwort EBNF = Extended Backus-Naur Form). Die kontextfreien Sprachen sind vor allem durch die Diskussion der Syntaxbeschreibung und -analyse bei Programmiersprachen sehr bekannt geworden.

In der Definition der Klasse (3) fällt eine gewisse Asymmetrie auf. Man nennt die Grammatiken gemäss (3) auch *rechts-regulär*. Falls man die Bedingung $v = aA$ durch $v = Aa$ ersetzt (die Alternative $v = a$ bleibt), erhält man die *links-regulären* Grammatiken. Dass wir uns bei der Definition der Chomsky-Klassen auf die rechts-regulären festgelegt und diese kurz *regulär* genannt haben, wird im nächsten Abschnitt 2.2 klar: diese Definition ist konsistent mit der Reihenfolge, in welcher die Zeichen eines Wortes durch den Akzeptor gelesen werden. Immerhin sei jetzt schon festgehalten, dass die beiden Arten von Grammatiken dieselbe *Sprachklasse* definieren (siehe Übungsaufgabe 2-6).

Zur Illustration der eingeführten Klassifizierung sollen nochmals die Beispiele vom Anfang des Kapitels herhalten:

-   Die Sprache $L = \{ab^k \mid k \geq 0\}$ ist regulär. Wir haben zuerst eine Grammatik angegeben, die nichtverkürzend, aber nicht kontextfrei ist, dann eine links-reguläre. Man versuche - ohne Kenntnis von Abschnitt 2.2 - für L eine (rechts-) reguläre Grammatik zu finden.

- Für die Definition der Syntax von LOOP$_n$ haben wir vorgeschlagen, eine Grammatik zu suchen. Diese wird zweifellos kontextfrei herauskommen. Die Sprache ist aber nicht regulär, das heisst es existiert keine reguläre Grammatik für LOOP$_n$ (siehe auch Beispiel am Schluss von Abschnitt 2.2).

2.2 Endliche Akzeptoren und reguläre Sprachen

Auch in diesem Abschnitt geht es um die Syntax von formalen Sprachen, doch wird hier ein ganz anderer Definitionsmechanismus behandelt. In einem ähnlichen Sinne wie die in Abschnitt 1.1 zur Berechnung von Funktionen eingeführten Sprachen LOOP und WHILE als Verwandte praktischer Programmiersprachen erkannt werden konnten, die durch Konzentration auf einige wesentliche Züge entstanden sind, so soll jetzt ein abstrakter Automatentyp eingeführt werden, der seine Verwandtschaft zum realen Computer auch nicht ganz verleugnen kann. Natürlich steht nicht die Frage der materiellen Realisierung zur Diskussion, sondern es geht um ein Gedankenmodell zur Beschreibung gewisser Prozesse; hier: Erkennung der Zugehörigkeit eines Wortes zu einer Sprache.

Wir dürfen uns ruhig einen Kasten vorstellen, in welchen das Wort (zum Beispiel über eine Tastatur) eingegeben wird, und der anzeigt, ob das Wort zur Sprache gehört oder nicht. Das Funktionieren des Apparates beschreiben wir durch die Vorstellung von endlich vielen Zuständen, derer er fähig ist, sowie durch Tabellen, aus denen die Übergänge zwischen den Zuständen ersichtlich sind.

So wie bei den Grammatiken durch Einführung von Bedingungen eine Hierarchie von Klassen erzeugt wurde, können auch hier Klassen von Automaten definiert werden, und zwar geschieht dies in diesem Falle durch Hinzunahme von Speichern. Als interessante Fälle haben sich erwiesen:

- Endlicher Speicher.
- Unbeschränkter Keller-Speicher (Stack): Push-Down-Automat (1-Kellerautomat, vgl. Abschnitt 6.2)
- Beidseitig unbeschränktes Band, auf welchem beliebig herumgefahren, gelesen und geschrieben werden kann: Turing-Maschine.

(In allen drei Fällen ist die Meinung die, dass in jedem Speicherfeld ein Zeichen aus einem festen Alphabet Platz findet).

Es soll jetzt nicht weiter auf diese Klassifizierung eingegangen, sondern nur der Fall des endlichen Speichers betrachtet werden. Der Inhalt eines solchen kann aber in die Zustände hineinkodiert werden - deren Anzahl natürlich ungeheuer gross werden kann - und damit ist dieser Speicher überhaupt überflüssig.

Für eine etwas formalere Definition ist es zweckmässig, den Begriff der *algebraischen Struktur* einzuführen. Wir verstehen darunter ein Tupel

$$B = <B, g_1, g_2, \cdots, g_m>$$

wo B eine Menge (die "Trägermenge" der Struktur B), die g_i n_i-stellige Operationen sind, $i = 1, 2, \cdots, m$, (n_i-stellige totale Funktionen auf B).

Zwei algebraische Strukturen heissen *ähnlich* genau dann, wenn sie die gleiche Anzahl Operationen, entsprechende Operationen gleiche Stelligkeit aufweisen. Damit sind wir endlich bereit für die

Definition. Ein *endlicher Akzeptor* über dem Alphabet $T = \{a_1, \cdots, a_m\}$ ist eine algebraische Struktur

$$F = <Q, f_{a_1}, \cdots, f_{a_m}>,$$

wo Q eine endliche Menge von Zuständen ist, $Q = \{q_1, \cdots, q_n\}$, die f_{a_i} einstellige Operationen auf Q sind. Der Zustand q_1 wird als Anfangszustand ausgezeichnet.

Das Funktionieren des vorher suggerierten "Kastens" kann nun folgendermassen beschrieben werden:

- Der Prozess wird im Zustand q_1 gestartet.

- Wenn der Automat im Zustand q das Zeichen a liest, gerät er in den Zustand $f_a(q)$.

(Wir nennen die f_a Nachfolgerfunktionen).

Es ist nun auch sinnvoll, folgendermassen die *Antwortfunktion* $r: T^* \rightarrow Q$ rekursiv zu definieren:

$$r(\varepsilon) = q_1$$
$$r(xa) = f_a(r(x)) \text{ für } x \in T^*, a \in T$$

Die Bedeutung von r liegt auf der Hand: $r(x)$ ist der Zustand, in welchem sich der Automat befindet, nachdem er das Wort x gelesen hat.

Durch Auszeichnung einer Teilmenge D von *akzeptierenden Zuständen*, $D \subseteq Q$, kann nun endlich gesagt werden, was die durch den endlichen Akzeptor F definierte Sprache $H(F)$ ist:

$$H(F) = \{x \in T^* \mid r(x) \in D\}$$

Bemerkung: Leider ist in der Berechnungstheorie die Terminologie nicht immer ganz konsistent. So findet man zum Beispiel häufig die Sprechweise: "Automat *akzeptiert* eine Sprache" mit der Bedeutung, dass der Automat eine positive Antwort gibt, falls das Wort zur Sprache gehört, sonst keine; "Automat *entscheidet* Sprache", falls er in jedem Fall Antwort gibt. (Siehe Abschnitt 1.4, rekursive Aufzählung, rekursive Mengen). Unsere "endlichen Akzeptoren" entscheiden selbstverständlich die Sprachen.

Unsere etwas abstrakte Definition der endlichen Akzeptoren kann sofort bedeutend anschaulicher gemacht werden, indem man *Zustandsdiagramme* zeichnet. Diese enthalten für jeden Zustand einen Punkt. In der Figur unterscheiden wir dann durch verschiedene Formgebung:

Anfangszustand q_1 :　　◇　　　　Akzeptierende Zustände :　　◎

Übrige Zustände :　　○　　　　(Falls q_1 akzeptierend :)　　◈

Aus jedem Zustandsbild führt für jedes Zeichen $a \in T$ je ein Pfeil heraus, welcher mit a angeschrieben wird und zum Nachfolgezustand $f_a(q)$ geht.

Beispiel: Die am Anfang von Abschnitt 2.1 angegebene Sprache $\{ab^k \mid k{\geq}0\}$ wird durch den Akzeptor mit folgendem Zustandsdiagramm definiert:

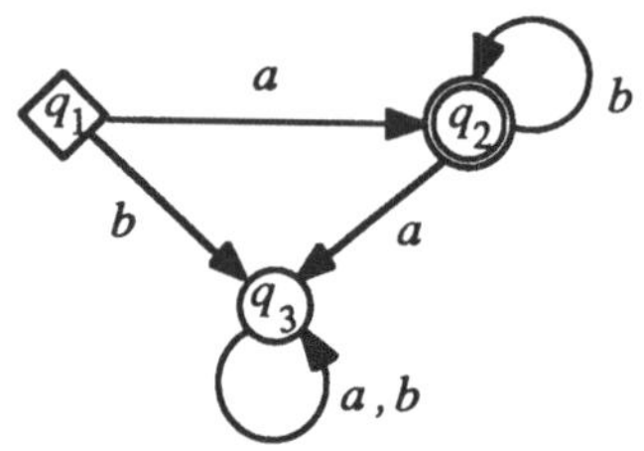

Abb. 2.2.1

Die Figur wird entlastet, wenn man Pfeile mit gleichem Anfangs- und Endpunkt zusammenlegt. (Im Beispiel: $q_3{\to}q_3$).

Ein etwas komplizierteres Beispiel: Die Sprache über $T = \{a, b\}$, welche aus allen Wörtern besteht, in denen nicht mehr als zwei gleiche Zeichen aufeinanderfolgen, wird durch folgenden Akzeptor beschrieben:

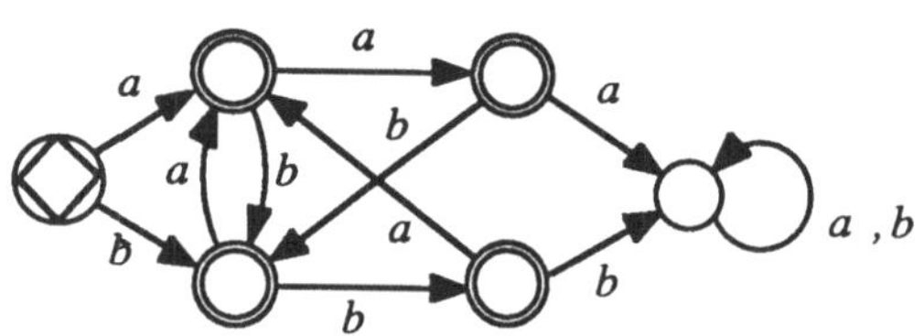

Abb. 2.2.2

Ein Wort x gehört also zur Sprache $L = H(F)$ genau dann, wenn das Durchlaufen des Zustandsdiagramms vom Startpunkt aus, gemäss den Zeichen von x, im Punkt eines akzeptierenden Zustands endet.

Selbstverständlich gibt es zu jeder Sprache beliebig viele verschiedene Akzeptoren, die sie definieren.

Vielleicht ist beim Leser bereits die Vermutung aufgetaucht, dass durch die endlichen Akzeptoren gerade die regulären Sprachen erfasst werden. Dies scheint vor allem dann nicht so abwegig zu sein, wenn man sich überlegt, wie überhaupt eine Herleitungssequenz aufgrund einer regulären Grammatik aussehen kann: Am Anfang steht das Startsymbol, daraus erzeugt man durch Produktionen mit $v = aA$ sukzessive Wörter, deren Länge in jedem Ersetzungsschritt um 1 zunimmt, und die aus einer Reihe von Terminalsymbolen, gefolgt von einem Nichtterminalsymbol bestehen. Den Schlussschritt bildet eine Ersetzung mittels einer Produktion mit $v = a$. (Immer Produktionen $u{\to}v$, $a \in T$, $A \in N$). Es dürfte auch jetzt schon verständlicher sein, dass die Bevorzugung der Rechts- vor der Linksregularität etwas mit dem Leseprozess des Akzeptors zu tun hat.

Bevor wir den eben angedeuteten Satz, das Hauptresultat dieses Abschnitts, formulieren und beweisen, sollten der Übersichtlichkeit zuliebe einige darin auftauchende Punkte, die übrigens auch von allgemeinerer Bedeutung sind, vorweg behandelt werden.

Zuerst eine präzise Aussage zum am Schluss von Abschnitt 2.1 angetönten Problem der "ε-Freiheit" der regulären Grammatiken, das heisst der Frage, wie relevant die Zulassung, beziehungsweise das Verbot von Produktionen $u{\to}v$ mit $v = \varepsilon$ ist.

Satz 2.2.1. Zu jeder verallgemeinerten regulären Grammatik G, das heisst einer solchen mit Zulassung von $v = \varepsilon$ in Produktionen, gibt es eine reguläre Grammatik G' (das heisst ohne $v = \varepsilon$), sodass $L_S(G') = L_S(G) - \{\varepsilon\}$.

Beweis:

Bemerkung: Aus dem Bestehen einer Produktion $u{\to}\varepsilon$ in G folgt natürlich noch nicht, dass $\varepsilon \in L_S(G)$, sondern nur wenn $S{\to}\varepsilon \in G$ ist dieser Schluss erlaubt; doch ist dies im Moment belanglos.

Der Beweis ergibt sich leicht konstruktiv: Für jede Produktion $A{\to}\varepsilon \in G$ führe man folgende Schritte durch:

- Man streiche $A{\to}\varepsilon$, und
- zu jeder Produktion $B{\to}aA$ füge man die Produktion $B{\to}a$ hinzu. (Falls keine solche existiert, und $A \neq S$, könnte $A{\to}\varepsilon$ ohnehin nie angewendet werden).

$\square$

Wir dürfen uns zur Vereinfachung der Sprechweise also ruhig erlauben, fortan auch eine Grammatik mit $u{\to}\varepsilon$ als regulär zu bezeichnen; im vollen Bewusstsein, damit die Bedingung der Nichtverkürzung zu verletzen.

Der Vollständigkeit halber sei hier erwähnt, dass ein entsprechender Satz auch für die kontextfreien Grammatiken gilt; der Beweis ist dort allerdings etwas komplizierter.

Für die folgenden Erörterungen ist es nützlich, sich nochmals genau zu überlegen, was geschieht, wenn man die Zugehörigkeit eines Wortes x zur regulären Sprache L einerseits mit einem Akzeptor, andererseits aufgrund der Grammatik, entscheiden will. Im ersten Falle läuft alles zwangsläufig ab: an jeder Stelle des Prozesses ist der Folgezustand eindeutig bestimmt. Dagegen wird man im zweiten Falle, wenn man versucht x aus S herzuleiten, im allgemeinen bei gewissen Ersetzungsschritten vor die Wahl gestellt, welche Produktion man anwenden solle. Damit sind wir beim Begriffe des nichtdeterministischen Prozesses angelangt, der in der Berechnungstheorie recht bedeutsam ist. Dem Informatiker ist diese Situation vom Studium der Algorithmen her unter dem Stichwort ''Backtracking'' wohlbekannt.

Es ist nun nicht schwierig, sich auch einen nichtdeterministischen Akzeptor vorzustellen: Man braucht nur zuzulassen, dass im Zustandsdiagramm von einem Punkt aus eine beliebige Anzahl (auch Null) Pfeile ausgehen, die mit demselben Zeichen angeschrieben sind. Es ist dann auch sinnvoll, eine Menge $Q_1 \subseteq Q$ von Anfangszuständen zuzulassen. Der Akzeptor definiert die Sprache L, deren Wörter x der folgenden Bedingung genügen: Es gibt eine Durchlaufung des Diagramms gemäss den Zeichen von x, welche in einem Punkt (Zustand) aus Q_1 beginnt und in einem Punkt (Zustand) aus D endet.

Jetzt können wir auch eine etwas formalere Definition aufstellen:

Definition. Ein *nicht-deterministischer Akzeptor* über dem Alphabet $T = \{a_1, \cdots, a_m\}$ ist ein $(m+1)$-Tupel

$$F' = <Q', f_{a_1}', \cdots, f_{a_m}'>$$

wo Q' eine endliche Menge von Zuständen ist, $Q' = \{q_1', q_2', \cdots, q_n'\}$, die f_{a_i}' Funktionen sind, $f_{a_i}': Q' \to P(Q')$ (P : Potenzmenge). $Q_1' \subseteq Q'$ sei die Menge der Anfangs-, $D' \subseteq Q'$ diejenige der akzeptierenden Zustände.

Die Funktionsweise sollte aus der obigen Diskussion des nichtdeterministischen Diagramms ersichtlich sein, kann aber auch hier durch eine Antwortfunktion $r': T^* \to P(Q')$ erklärt werden: Sei

$$r'(\varepsilon) = Q_1',$$
$$r'(xa) = \bigcup_{q' \in r'(x)} f_a'(q').$$

Damit wird die durch den Akzeptor definierte Sprache

$$H'(F') = \{x \in T^* \mid r'(x) \cap D' \neq \emptyset\}$$

Offenbar können die deterministischen Akzeptoren als Spezialfall der nichtdeterministischen betrachtet werden. Doch drängt sich jetzt die Kernfrage auf, ob durch die nichtdeterministischen Akzeptoren eine grössere Sprachklasse definiert wird als durch die deterministischen. Die Antwort fällt negativ aus:

Satz 2.2.2. Zu jedem nichtdeterministischen Akzeptor F' gibt es einen deterministischen Akzeptor F, der dieselbe Sprache definiert wie F'.

Beweis: Sei $F' = <Q', \cdots, f_a', \cdots>$ mit $Q_1', D' \subseteq Q'$ ein nichtdeterministischer Akzeptor. Dann definieren wir den deterministischen Akzeptor

$$F = <Q, \cdots, f_a, \cdots> \text{ mit } D \subseteq Q$$

folgendermassen:

$$Q := P(Q') \quad \text{[Potenzmenge von } Q']$$
$$f_a(q) := \bigcup_{q' \in q} f_a'(q')$$
$$q_1 := Q_1'$$
$$D := \{q \subseteq Q' \mid q \cap D' \neq \varnothing\}$$

Man zeigt durch Induktion nach der Länge des Wortes, dass für alle $x \in T^*$: $r(x) = r'(x)$. Dazu setzt man in $r(\varepsilon) = q_1$ und $r(xa) = f_a(r(x))$ die obigen Definitionen für q_1 und f_a ein.

Aus der Definition von D folgt dann direkt die Gleichheit der beiden Sprachen.

□

Bei der Konstruktion von F aus F' wird man im konkreten Falle gut daran tun, die Zustandsmenge Q auf diejenigen Elemente zu beschränken, welche von q_1 aus überhaupt erreichbar sind! (Siehe Beispiel im Beweis (2) von Satz 2.2.3). Damit sind wir nun endlich vorbereitet für den bereits angekündigten

Satz 2.2.3. Die endlichen Akzeptoren definieren genau die Klasse der regulären Sprachen.

Beweis:

(1) Sei F ein (deterministischer) endlicher Akzeptor mit $H(F) = L$. Wir konstruieren dazu eine reguläre Grammatik G, $L_S(G) = \overline{L}$, und zeigen, dass $L = \overline{L}$.

Die Konstruktion beruht darauf, dass man jedem Zustand $q \in Q$ ein Nichtterminalsymbol $\overline{q}$ der Grammatik zuordnet, insbesondere dem Anfangszustand q_1 das Startsymbol $\overline{q_1} = S$.

Ferner bildet man zu jedem q, q', a mit $q' = f_a(q)$ (das heisst zu jedem Punktepaar im Diagramm, das durch einen mit a angeschriebenen Pfeil verbunden ist) die Produktion $\overline{q} \to a\overline{q'}$, sowie zu jedem $q \in D$ die Produktion $\overline{q} \to \varepsilon$. Daraus sieht man jetzt schon, dass mindestens $\varepsilon \in L \Longleftrightarrow q_1 \in D \Longleftrightarrow S \to \varepsilon \in G \Longleftrightarrow \varepsilon \in \overline{L}$.

Im übrigen zeigen wir durch Induktion nach $|x|$, dass für alle $x \in T^*$ gilt:

$$S \overset{*}{\Rightarrow} x\overline{q}, \text{ mit } q = r(x)$$

Es gelte die Induktionsvoraussetzung für x. Dann ist für beliebiges $a \in T$ mit $q' = r(xa)$: $q' = f_a(r(x)) = f_a(q)$. Also existiert eine Produktion $\overline{q} \to a\overline{q'} \in G$, und $S \overset{*}{\Rightarrow} xa\overline{q'}$.

Umgekehrt ist zu beachten, dass die Grammatik G insofern speziell ist, als sie ein deterministisches Verhalten zeigt; das heisst, zu jedem $x \in \overline{L}$ existiert genau eine Herleitungssequenz. Deshalb folgt aus $S \overset{*}{\Rightarrow} x\overline{q}$ auch, dass $q = r(x)$.

Somit gilt schliesslich für jedes x mit $q = r(x)$ (wenn man noch beachtet, dass G keine Produktion $A \to a$ enthält): $x \in L \Longleftrightarrow q \in D \Longleftrightarrow S \overset{*}{\Rightarrow} x\overline{q}$ und $\overline{q} \to \varepsilon \in G$ $\Longleftrightarrow S \overset{*}{\Rightarrow} x \Longleftrightarrow x \in \overline{L}$.

Damit ist der erste Teil des Beweises fertig. Die Konstruktion von G soll gleich am wiederholt erwähnten Beispiel $L = \{ab^k \mid k \geq 0\}$ illustriert werden:

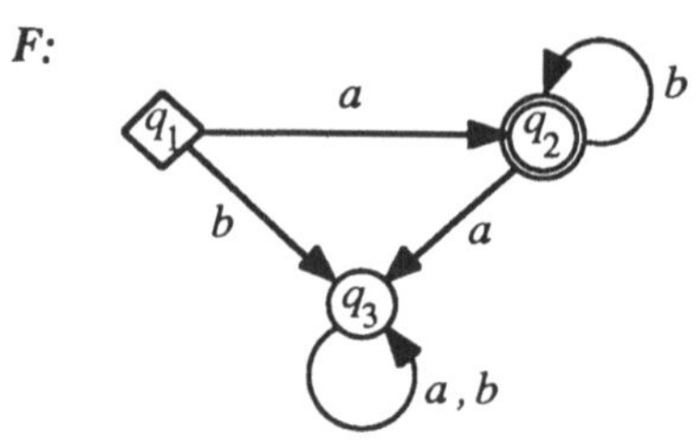

Abb. 2.2.3

G (mit $S = \bar{q}_1, A = \bar{q}_2, B = \bar{q}_3$):

$$S \rightarrow aA, S \rightarrow bB, A \rightarrow aB, A \rightarrow bA, B \rightarrow aB, B \rightarrow bB, A \rightarrow \varepsilon$$

Wenn man $A \rightarrow \varepsilon$ gemäss Beweis von Satz 2.2.1 eliminiert, und die Produktionen mit B (die in keiner Herleitungskette vorkommen) weglässt, bleibt schliesslich:

$$S \rightarrow aA, S \rightarrow a, A \rightarrow bA, A \rightarrow b$$

(2) Sei G eine reguläre Grammatik ohne Produktion $S \rightarrow \varepsilon$. (Falls andere Produktionen mit leeren rechten Seiten vorkommen, diese zuerst eliminieren). Es sei $L = L_S(G)$.

Die Konstruktion eines Akzeptors verläuft im wesentlichen umgekehrt zum Verfahren von (1); das heisst wir identifizieren gerade die Zustände des Akzeptors mit den Nichtterminalsymbolen von G. Jede Produktion $A \rightarrow aB$ erzeugt im Diagramm einen mit a angeschriebenen Pfeil von A nach B. Dazu führen wir noch einen weiteren Zustand E, den einzigen Endzustand, ein und ordnen jeder Produktion $A \rightarrow a$ den mit a angeschriebenen Pfeil von A nach E zu.

Der so konstruierte Akzeptor ist im allgemeinen nichtdeterministisch (gemäss dem nichtdeterministischen Charakter der Grammatiken). Wir bezeichnen ihn mit

$$F' = <Q', \cdots, f_a', \cdots >, \text{ mit}$$
$$Q' = N \cup \{E\}, Q_1' = \{S\}, D' = \{E\}$$

Offensichtlich entspricht jeder Herleitungskette für ein Wort $x \in L$ eindeutig eine Durchlaufung des Diagramms von S nach E, längs welcher genau die Zeichen von x angetroffen werden; und umgekehrt. Damit ist der Beweis wegen Satz 2.2.2 eigentlich vollständig.

Zur Illustration führen wir das Beispiel von (1) in umgekehrter Richtung durch:

$G: S \rightarrow aA, S \rightarrow a, A \rightarrow bA, A \rightarrow b$

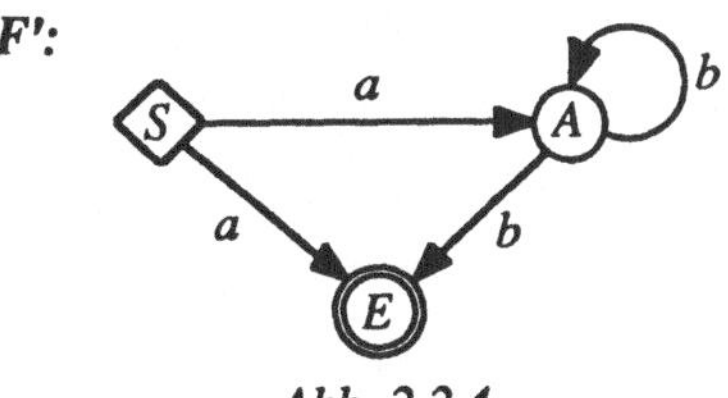

Abb. 2.2.4

Für die Konstruktion von **F** legt man sich mit Vorteil eine Übergangstabelle an, die man genau so weit führt, bis alle von $\{S\}$ aus erreichbaren Zustände vollständig behandelt sind:

q	$f_a(q)$	$f_b(q)$
$\{S\}$	$\{A,E\}$	$\varnothing$
$\{A,E\}$	$\varnothing$	$\{A,E\}$
$\varnothing$	$\varnothing$	$\varnothing$

und damit

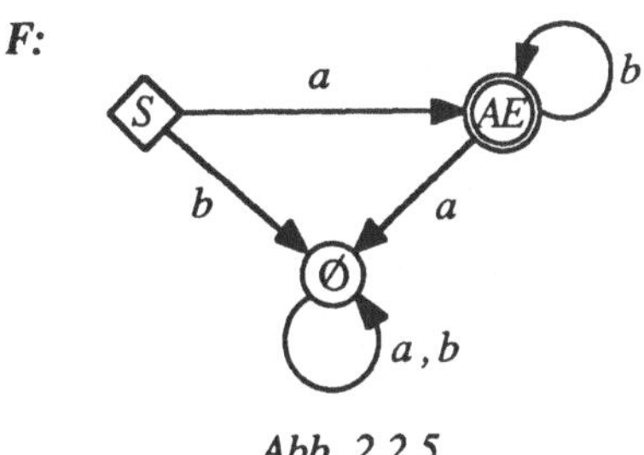

Abb. 2.2.5

□

Bei der Einführung der Klassifikation der Grammatiken in Abschnitt 2.1 wurde nicht nachgewiesen, dass jede entsprechende Sprachklasse eine *echte* Teilmenge der vorhergehenden ist. Hier soll dies wenigstens für die letzten beiden Klassen nachgeholt werden.

Wir betrachten zwei Sprachen über $T = \{a, b\}$, nämlich

$$L_1 = \{a^k b^h \mid k, h \geq 0\} \text{ und}$$
$$L_2 = \{a^k b^k \mid k \geq 0\}$$

L_1 ist regulär; ein deterministischer Akzeptor wäre zum Beispiel

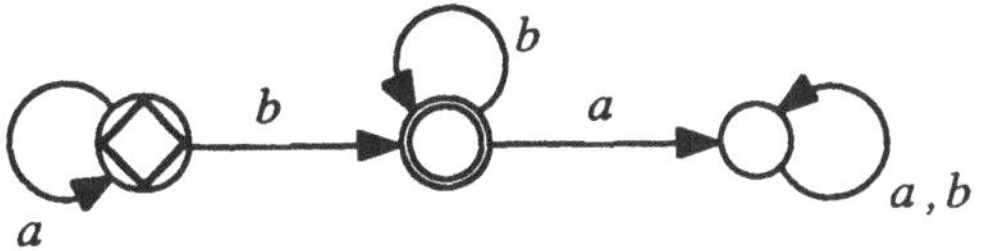

Abb. 2.2.6

L_2 ist nicht regulär, was folgendermassen eingesehen werden kann: Es gebe einen Akzeptor für L_2 mit n Zuständen. Beim Lesen von a^n kommt der Akzeptor sicher zweimal in denselben Zustand, zum Beispiel nach k_1, beziehungsweise k_2 gelesenen Zeichen, mit $0 \leq k_1 < k_2 \leq n$. Dann wird er aber auch nach Eingabe von $a^{k_1}b^{k_1}$, beziehungsweise $a^{k_2}b^{k_1}$ im selben Zustand sein, was der Definition von L_2 widerspricht. L_2 ist kontextfrei; eine Grammatik wäre:

$$G = \{S \rightarrow \varepsilon, S \rightarrow aSb\}$$

2.3 Reguläre Ausdrücke

Aus Abschnitt 2.1 und 2.2 dürfte hervorgegangen sein, dass die regulären Sprachen trotz der sehr einfachen Definition doch ein recht interessantes Studienobjekt darstellen. So werden nun in diesem und im nächsten Abschnitt einige wichtige Eigenschaften der regulären Sprachen zusammengestellt. Damit ergibt sich noch ein dritter Definitionsmechanismus für diese Sprachklasse.

Zunächst sollen einige *Operationen* auf beliebigen Sprachen betrachtet werden.

Ausser den bekannten mengentheoretischen Operationen Komplement, Vereinigung, Durchschnitt führen wir zusätzlich ein:

Produkt:

Seien L_1, L_2 Sprachen. Dann sei

$$L_1 \circ L_2 := \{xy \mid x \in L_1, y \in L_2\}$$

Dabei bedeutet xy die Konkatenation der beiden Wörter. Das Zeichen "$\circ$" wird häufig weggelassen. Das Produkt ist assoziativ und erlaubt deshalb die Bildung von Potenzen, welche rekursiv definiert werden:

$$L^0 := \{\varepsilon\}, L^{k+1} := L^k \circ L \ (k = 0, 1, \cdots)$$

Sternoperator:

Sei L eine Sprache. Dann sei

$$L^* := L^0 \cup L^1 \cup L^2 \cup \cdots$$

Nun gilt für die regulären Sprachen der wichtige

Satz 2.3.1. Die Klasse der regulären Sprachen ist *abgeschlossen* bezüglich der Operationen Komplement, Vereinigung, Durchschnitt, Produkt und Stern.

Beweis: Für die Beweisführung bieten sich die endlichen Akzeptoren als ein bequemes und anschauliches Mittel dar. Es wird immer ein festes Alphabet T angenommen.

Komplement:

Trivial: Man hat nur im Akzeptor D durch $Q-D$ zu ersetzen.

Vereinigung:

Die beiden Akzeptoren für L_1 und L_2 bilden zusammen einen nichtdeterministischen Akzeptor, der aus zwei Komponenten besteht, zwischen denen es keinen Übergang gibt, und der $L_1 \cup L_2$ definiert.

Durchschnitt:

$L_1 \cap L_2$ wird durch einen deterministischen Akzeptor $F = F_1 \times F_2$ mit recht naheliegender Definition charakterisiert.

(Aufgrund der de Morgan-Gesetze der Mengenlehre genügt die Verifikation für eine der beiden letzten Operationen).

Produkt:

Die beiden L_1 und L_2 entsprechenden Akzeptoren F_1 und F_2 werden folgendermassen zu einem Akzeptor F "in Serie geschaltet":

- Der Startzustand von F_1 wird Startzustand von F. Falls dieser akzeptierend ist, wird auch der Startzustand von F_2 zum Startzustand von F.

- Zu jedem Pfeil, der in F_1 von q zu einem akzeptierenden Zustand führt, wird ein zusätzlicher, mit dem gleichen Zeichen angeschriebener Pfeil von q zum Startzustand von F_2 gezogen.

- Die akzeptierenden Zustände von F_2 werden die akzeptierenden Zustände von F. Der so konstruierte nichtdeterministische Akzeptor F definiert $L_1 L_2$.

Stern:

Die Idee ist ähnlich wie beim Produkt:

- Der Startzustand bleibt.

- Zu jedem Pfeil, der von q zu einem akzeptierenden Zustand führt, wird ein zusätzlicher, mit dem gleichen Zeichen angeschriebener Pfeil von q zum Startzustand gezogen.

- Akzeptierend werden die akzeptierenden Zustände und der Startzustand.

Der so konstruierte nichtdeterministische Akzeptor definiert L^*.

$\square$

Die letzten beiden Operationen (bei denen die angegebenen Konstruktionen, sinngemäss modifiziert, auch für nichtdeterministische Akzeptoren gelten) illustrieren wir wieder an einem banalen Beispiel, nämlich $L = \{a^k b^h \mid k, h \geq 0\}$. Diese Sprache lässt sich darstellen als $L = \{a\}^* \{b\}^*$:

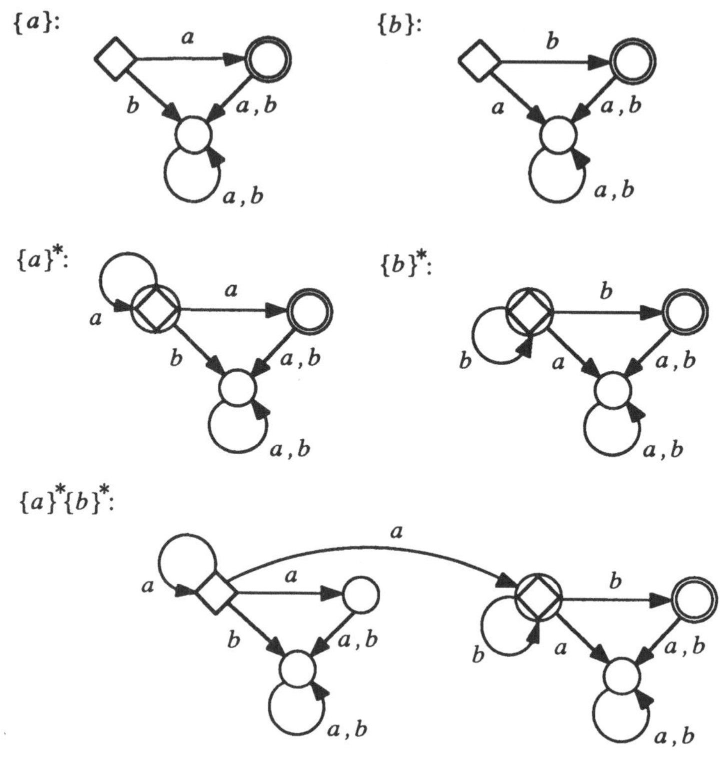

Abb. 2.3.1

So entstandene Akzeptoren können im allgemeinen erheblich vereinfacht werden. Man versuche, in diesem Beispiel zu allen Teilsprachen den einfachsten nichtdeterministischen Akzeptor zu finden, und diesen gemäss Verfahren von Abschnitt 2.2 in einen deterministischen Akzeptor überzuführen.

Ausgehend davon, dass $\{a\}$ regulär ist für alle $a \in T$, findet man als sehr einfache Folgerung aus obigem Satz

Korollar (zu 2.3.1). Die endlichen Mengen, sowie alle Komplemente von solchen sind regulär.

(Man hätte sich dies natürlich auch direkt mittels Akzeptoren überlegen können).

Die bisherigen Erörterungen dieses Abschnitts legen den Versuch nahe, sämtliche regulären Mengen aus einer Klasse von besonders einfachen, zum Beispiel den im Korollar genannten, oder noch einfacheren, mit Hilfe geeigneter Operationen zu erzeugen. Dies ist in der Tat möglich; und es zeigt sich, dass man nicht alle der vorher aufgezählten Operationen benötigt.

Man kann sogar noch einen Schritt weiter gehen, und diese Erzeugung durch eine Art ''Stenographie'' explizit festhalten. Dazu definieren wir die Sprache der regulären

Ausdrücke, und zwar zunächst deren Syntax durch eine kontextfreie Grammatik G:

Sei V ein endliches Alphabet, $V = \{a_1, \cdots, a_m\}$. Wir ergänzen es zum Terminalalphabet

$$T = V \cup \{\varnothing, \varepsilon, \cup, *, [,]\}$$

und setzen $N = \{S\}$.

Die Produktionen sind:

$$S \rightarrow b \text{ für alle } b \in V \cup \{\varnothing, \varepsilon\}, \text{ sowie}$$
$$S \rightarrow [S \cup S] \mid [SS] \mid S^*$$

(Durch die Schreibweise mit dem Vertikalstrich fasst man verschiedene Produktionen mit gleicher rechter Seite zusammen).

Definition. Die Wörter der Sprache $R = L_S(G)$ heissen *reguläre Ausdrücke* über dem Alphabet V.

Die Definition der *Semantik* von R besteht darin, dass man rekursiv jedem $\alpha \in R$ eine Sprache $E(\alpha) \subseteq V^*$ zuordnet:

$$E(\varnothing) = \varnothing, \ E(\varepsilon) = \{\varepsilon\}, \ E(a) = \{a\} \text{ für alle } a \in V$$
$$E([\alpha \cup \beta]) = E(\alpha) \cup E(\beta)$$
$$E([\alpha\beta]) = E(\alpha)E(\beta)$$
$$E(\alpha^*) = E(\alpha)^*$$

Dass diese Definition legal ist, wird in Kapitel 4 gezeigt. Im Moment dürfte die Bedeutung von R offensichtlich sein. Einige Beispiele:

- Obiges Beispiel: $E(a^*b^*) = \{a^k b^h \mid k, h \geq 0\}$

- $E([a \cup \varepsilon][ba]^*[b \cup \varepsilon])$ besteht genau aus den Wörtern über $V = \{a, b\}$, in denen keine zwei gleichen Zeichen aufeinanderfolgen.

Beim Arbeiten mit regulären Ausdrücken wird man sofort überflüssige Klammern weglassen, was in den beiden Beispielen bereits geschehen ist. (Man beachte: Das Produkt von Sprachen ist assoziativ!).

Aufgrund der Definition $L^0 = \{\varepsilon\}$ ist

$$\varnothing^* = \underbrace{\varnothing^0 \cup \varnothing^1 \cup \cdots}_{= \varnothing} = \{\varepsilon\}$$

Man hätte somit das Symbol ε aus T weglassen können.

Als Hauptresultat dieses Abschnitts formulieren wir jetzt

Satz 2.3.2 (Kleene-Myhill). Durch die regulären Ausdrücke werden genau die regulären Sprachen definiert.

Beweis:

(1) Für alle regulären Ausdrücke α ist $E(\alpha)$ regulär. Beweis durch Induktion nach $|\alpha| = $ Länge von α. Verankerung bei $|\alpha| = 1$. Die Behauptung gelte für $|\alpha| < n$. Ein Ausdruck der Länge n wird durch eine der drei Operationen aus kürzeren

gebildet und definiert daher nach Satz 2.3.1 wieder eine reguläre Sprache.

(2)   Zu jeder regulären Sprache $L \subseteq V^*$ existieren reguläre Ausdrücke mit $E(\alpha) = L$. Konstruktion von α aufgrund eines Akzeptors mit n Zuständen für L: Wir suchen dazu reguläre Ausdrücke α_{ij}^k, sodass $E(\alpha_{ij}^k) = $ Menge der Wörter, die von q_i nach q_j führen, wobei dazwischen nur Zustände mit Index $\leq k$ berührt werden. Solche Ausdrücke lassen sich leicht rekursiv aufbauen:

$$\alpha_{ij}^0 = \bigcup_{f_a(q_i) = q_j} a \quad \text{(für } i = j \text{ kommt noch } \varepsilon \text{ dazu)}$$
$$\alpha_{ij}^k = \alpha_{ij}^{k-1} \cup \alpha_{ik}^{k-1}(\alpha_{kk}^{k-1})^*\alpha_{kj}^{k-1}, \quad k = 1, \cdots, n$$

Dann ist aber

$$\alpha = \bigcup_{q_j \in D} \alpha_{1j}^n$$

ein regulärer Ausdruck, der die Behauptung erfüllt.

$\square$

Bemerkung: Die Idee für die Konstruktion der α_{ij}^k ist verwandt mit dem in der Informatik bekannten Algorithmus von Warshall.

Aus der Definition der regulären Ausdrücke und den obigen Sätzen folgt, dass man, ausgehend von den endlichen Mengen durch Anwendung von Vereinigung, Produkt und Stern alle regulären Sprachen erzeugen kann.

Im gleichen Sinne wie bei den primitiv-rekursiven (partiell-rekursiven) Funktionen (Abschnitt 1.2) kann daraus geschlossen werden, dass die regulären Sprachen die kleinste Sprachklasse bilden, welche alle endlichen Mengen enthält und abgeschlossen ist bezüglich Vereinigung, Produkt und Stern. (Theorie dazu im Kapitel 3).

2.4 Einige Sätze über reguläre und kontextfreie Sprachen

Als Ergänzung zu den in Abschnitt 2.3 bewiesenen charakteristischen Eigenschaften der regulären Sprachen werden hier noch einige weitere Sätze besprochen.

Die *kontextfreien Sprachen* bilden ebenfalls ein interessantes Studienobjekt für sich, sind aber nicht eigentlich Gegenstand dieses Buches. Es sollen in diesem Abschnitt lediglich - ohne vollständige Beweise - einige wichtige Tatsachen über kontextfreie Sprachen zusammengetragen werden, vor allem um den Gegensatz zu den regulären Sprachen deutlich zu machen.

Für die drei folgenden Sätze wird eine reguläre Sprache $L = H(F)$ *über dem Alphabet T betrachtet, wo F ein (deterministischer) Akzeptor mit n Zuständen sei.*

Satz 2.4.1. Falls die reguläre Sprache $L = H(F) \neq \varnothing$ ist, enthält sie ein Wort $x, |x| < n$.

Beweis: Sei $x \in L$. Wenn F beim Lesen von x zweimal in denselben Zustand gerät, kann der dazwischen liegende Teil von x herausgeschnitten werden, und das verkürzte Wort gehört immer noch zu L. Diesen Vorgang wiederholt man solange, bis ein Wort $x' \in L$ entsteht, bei dessen Erkennung jeder Zustand noch höchstens einmal auftritt. Daraus folgt $|x'| < n$.

$\square$

Satz 2.4.2 (Pumping Lemma). Sei $x \in L, |x| \geq n$. Dann existieren Wörter $y, z, w \in T^*, z \neq \varepsilon$, sodass $x = yzw$ und $yz^k w \in L$ für $k = 0, 1, \cdots$.

Beweis: Wenn $|x| \geq n$, dann gibt es einen Zustand q, der beim Lesen zweimal angenommen wird:

$$x = \boxed{\quad y \quad}_q \boxed{\quad z \quad}_q \boxed{\quad w \quad} \;,\; z \neq \varepsilon$$

Daraus folgt sofort die Behauptung.

$\square$

Satz 2.4.3. L ist unendlich genau dann, wenn ein $x \in L$ existiert, mit $n \leq |x| < 2n$.

Beweis: In der einen Richtung folgt die Behauptung direkt aus Satz 2.4.2.

Sei umgekehrt L unendlich. Dann enthält L ein x mit $|x| \geq n$. Dieses stellen wir wie im Beweis 2.4.2 dar. Nach der Idee von Beweis 2.4.1 verkürzen wir die drei Teilwörter solange, bis innerhalb keinem von ihnen derselbe Zustand zweimal, und q überhaupt nicht angenommen wird. Dann ist $|y|, |w| < n, |z| \leq n$. Sicher gilt auch $x_k = yz^k w \in L$ für $k = 0, 1, \cdots$. k kann aber so gewählt werden, dass $n \leq |x_k| < 2n$.

$\square$

Bemerkung: Man findet in der Literatur gelegentlich folgende Formulierung des Pumping Lemma:

Wenn L unendlich ist, dann existieren Wörter $y, z, w; z \neq \varepsilon$, sodass $yz^k w \in L$ für $k = 0, 1, \cdots$. Diese Aussage folgt natürlich auch aus unseren Sätzen.

Nun zu den kontextfreien Sprachen zunächst einige Sätze:

Satz 2.4.4. Die Klasse der kontextfreien Sprachen ist abgeschlossen bezüglich der Operationen Vereinigung, Produkt und Stern.

(Vergleiche Satz 2.3.1).

Satz 2.4.5 (Pumping Lemma). Sei L kontextfrei. Dann existiert eine Zahl n, sodass für jedes $x \in L$ mit $|x| \geq n$ Wörter u, v, y, z, w existieren, wo $v \neq \varepsilon$ oder $z \neq \varepsilon$, sodass $x = uvyzw$ und $uv^k yz^k w \in L$ für $k = 0, 1, \cdots$.

(Man formuliere eine diesem Satz entsprechende Variante zu Satz 2.4.2).

Satz 2.4.6. Die Klasse der kontextfreien Sprachen ist weder bezüglich der Operation Komplement noch Durchschnitt abgeschlossen.

Da der Beweis sehr einfach ist, wird er hier angedeutet:

Beweis: Die Sprache $L = \{a^k b^k c^k \mid k \geq 0\}$ ist nicht kontextfrei. Dies folgt leicht aus dem Pumping Lemma. Hingegen sind die Sprachen $L_1 = \{a^k b^k c^h \mid k, h \geq 0\}$ und $L_2 = \{a^h b^k c^k \mid k, h \geq 0\}$ offensichtlich kontextfrei. (Entsprechende Grammatiken sind leicht anzugeben). Da aber $L = L_1 \cap L_2$, ist die Behauptung für den Durchschnitt bewiesen. Damit kann aber wegen des de Morgan-Gesetzes der Mengenlehre auch die Abgeschlossenheit bezüglich Komplement nicht gelten.

□

Satz 2.4.7. Eine kontextfreie Sprache über einem Alphabet T mit $|T| = 1$ ist regulär.

Zum Schluss mögen noch einige *Entscheidungsprobleme* erwähnt werden. Ein Prädikat P heisst entscheidbar, falls ein WHILE-Programm existiert, das für jedes x aus der Grundmenge von P hält und den Wert von $P(x)$ angibt. (Siehe Abschnitt 1.4). Wir wollen hier nicht auf Details eingehen, sondern dem Leser nur klar machen, dass es für gewisse recht naheliegende Fragen im Zusammenhang mit Sprachen gar nicht selbstverständlich ist, ob dazu ein endliches Entscheidungsverfahren existiert. In den Kapiteln 5 und 6 wird näher auf unentscheidbare Probleme eingegangen.

Satz 2.4.8. Die folgenden drei Fragen sind für kontextfreie Sprachen L entscheidbar:

- Gegeben $x \in T^*$; ist $x \in L$?

- $L = \varnothing$?

- L unendlich?

Zum Beweis: Die erste Aussage folgt aus unserer früheren Feststellung, dass alle durch nichtverkürzende Grammatiken definierten Sprachen rekursiv sind. Zur zweiten hier wenigstens die Beweisskizze: Die Herleitung eines Wortes x aus S mittels der Grammatik G kann durch einen Baum dargestellt werden, indem man für jede Substitution das Nichtterminalsymbol der linken Produktionsseite als Knoten nimmt und alle Zeichen der rechten Seite als unmittelbare Nachfolger. Dann sind also genau die in x auftretenden (Terminal-) Symbole die Endknoten (''Blätter'') dieses Baumes; als Wurzel steht zuoberst S. Nun überlegt man sich, dass im Falle, wo in einem von der Wurzel nach unten verlaufenden Faden ein Nichtterminalsymbol zweimal auftritt, das untere von beiden samt seinem Teilbaum ''hinaufgehängt'' und der dazwischen liegende Teil eliminiert werden kann. Dadurch entsteht wieder ein korrekter Herleitungsbaum, im allgemeinen natürlich für ein anderes Wort.

Wenn man diesen Prozess so lange wie möglich wiederholt, besitzt der Baum eine Tiefe $< |N|$. Wenn also $L \neq \varnothing$ ist, gibt es einen solchen Baum. Da aber alle derartigen Bäume mit beschränktem Aufwand erzeugt werden können, ist aufgrund von G entscheidbar, ob $L_S(G) = \varnothing$ ist.

Satz 2.4.9. Seien L_1, L_2 die je durch gegebene Grammatiken definierten Sprachen. Dann sind die folgenden zwei Fragen für reguläre, nicht aber für kontextfreie Sprachen entscheidbar:

- $L_1 \cap L_2 = \varnothing$?

- $L_1 = L_2$?

Zum Beweis: Für den regulären Fall folgen die Behauptungen direkt aus den Sätzen 2.3.1 und 2.4.1. Die Unentscheidbarkeit von $L_1 \cap L_2 = \varnothing$ für kontextfreie Sprachen wird in Abschnitt 6.1 bewiesen, diejenige von $L_1 = L_2$ ist eine Übungsaufgabe im selben Kapitel.

2.5 Kongruenzrelationen und reguläre Sprachen

Kongruenzen spielen, wie in diesem Abschnitt gezeigt wird, eine wichtige Rolle bei der Untersuchung von regulären Sprachen. Unter einer *Kongruenzrelation* versteht man allgemein eine mit einer algebraischen Struktur verträgliche Äquivalenzrelation. Sei zum Beispiel $S = <S, g>$ eine algebraische Struktur mit der zweistelligen Operation g. Dann ist die Äquivalenzrelation α auf S eine Kongruenz genau dann, wenn für alle $x, x', y, y' \in S$ gilt:

$$x \ \alpha \ x', y \ \alpha \ y' \implies g(x, y) \ \alpha \ g(x', y')$$

Für andere Stelligkeiten lautet die Bedingung entsprechend.

Ein bekanntes Beispiel bildet die "Kongruenz modulo m" auf den ganzen Zahlen, wo m eine positive natürliche Zahl ist (geschrieben: $x \equiv y(m)$). Diese Relation ist eine Kongruenz bezüglich der algebraischen Struktur $<\mathbb{Z}, +, \cdot>$. Die Verträglichkeitseigenschaft der Kongruenz bedeutet, dass man, statt mit Zahlen, auch mit Kongruenzklassen rechnen kann.

Wir formulieren diese Tatsache gleich allgemein als Satz, wobei die folgenden Bezeichnungen verwendet werden:

$[x]$ = Kongruenzklasse, welche x enthält,

S/α = Menge der Kongruenzklassen unter α (Faktormenge modulo α)

Satz 2.5.1. Sei $S = <S, g_1, \cdots, g_m>$ eine algebraische Struktur mit den n_i-stelligen Operationen g_i. Jede Kongruenzrelation α auf S induziert eine ähnliche Struktur $S' = <S', g_1', \cdots, g_m'>$ auf den Kongruenzklassen, $S' = S/\alpha$, $g_i'([x_1], \cdots, [x_{n_i}])$ $= [g_i(x_1, \cdots, x_{n_i})]$, $i = 1, \cdots, m$, und damit einen Homomorphismus $\phi: S \to S'$, nämlich $\phi(x) = [x]$ für $x \in S$.

Umgekehrt induziert jeder Homomorphismus ϕ einer Struktur S in eine ähnliche Struktur S' eine Kongruenzrelation α auf S, nämlich $x \ \alpha \ y \iff \phi(x) = \phi(y)$; und falls ϕ surjektiv ist, gilt $S' \cong S/\alpha$ (Isomorphismus).

Der Beweis ist sehr einfach und wird hier nicht ausgeführt (Stichwort: Gruppentheorie, Normalteiler).

Angewandt auf das obige Beispiel heisst dies, dass auf $\mathbb{Z}_m = \mathbb{Z}/ \equiv (m)$ die Operationen $[x]+[y] = [x+y]$ und $[x] \cdot [y] = [x \cdot y]$ definiert sind, und dass jedes homomorphe Bild von $\mathbb{Z}$ isomorph zu einem $\mathbb{Z}_m$ ist (man überlege sich auch den Grenzfall $m = 1$).

Für den Rest dieses Abschnitts betrachten wir nun die spezielle Struktur

$$S = <T^*, g_{a_1}, \cdots, g_{a_m}>$$

wo $T = \{a_1, \cdots, a_m\}$ ein festes Alphabet ist, und die g_a einstellige Operationen sind (für $a \in T$), nämlich $g_a(x) = xa$, $x \in T^*$. Eine solche Struktur nennen wir *freie m-Algebra*.

Somit ist die Äquivalenzrelation α eine Kongruenz bezüglich S genau dann, wenn

$$\forall x, y \in T^* \ \forall a \in T \ (x \ \alpha \ y \rightarrow xa \ \alpha \ ya)$$

Durch Induktion nach $|u|$ (Länge von u) folgt dann auch, dass für eine Kongruenz α gilt:

$$\forall x, y, u \in T^* \ (x \ \alpha \ y \rightarrow xu \ \alpha \ yu)$$

Zum Beispiel ist $x \ \alpha \ y \iff |x| = |y|$ eine Kongruenz.

Im folgenden interessieren wir uns ausschliesslich für *Kongruenzen von endlichem Index*, das heisst für solche, die endlich viele Klassen erzeugen. Die Menge dieser Relationen auf T^* nennen wir K.

Das eben erwähnte Beispiel gehört nicht zu K, hingegen

$$x \ \alpha \ y \iff |x| \equiv |y| \ (m), \ \text{für jedes positive } m$$

Der Leser wird bereits ahnen, dass eine enge Beziehung zwischen unserer Struktur S und den endlichen Akzeptoren besteht; denn wir haben ja diese in Abschnitt 2.2 auch als algebraische Struktur gleicher Art eingeführt. In der Tat können wir sofort folgende Zuordnungen konstruieren:

(1) Jede zu S ähnliche Struktur mit endlicher Trägermenge kann als endlicher Akzeptor über dem Alphabet T interpretiert werden (wir schreiben jetzt, etwas bequemer: $S = \langle S, \cdots, g_a, \cdots \rangle$, und statt S' eher $F = \langle Q, \cdots, f_a, \cdots \rangle$). Das gilt also insbesondere für jede Faktorstruktur T^*/α modulo einer Kongruenz $\alpha \in K$. Die Zustände von F sind dann die Kongruenzklassen unter α, und $\forall a \in T \ \forall x \in T^*$ $f_a([x]) = [xa]$. Wenn man ferner $[\varepsilon]$ als Anfangszustand q_1 nimmt, dann ist der Zustand $[x]$ gerade der Wert der in Abschnitt 2.2 eingeführten Antwortfunktion, $r(x)$. $[x]$ als Teilmenge $\subseteq T^*$ ist natürlich regulär; sie wird durch F mit der Menge der akzeptierenden Zustände $D = \{[x]\}$ definiert.

(2) Umgekehrt ist jeder endliche Akzeptor $F = \langle Q, \cdots, f_a, \cdots \rangle$ über dem Alphabet T eine zu S ähnliche Struktur. Nach der Theorie von Kapitel 4 (Hauptsatz 4.1) lässt sich eine beliebige Abbildung der Atommenge $\{\varepsilon\}$ der syntaktischen Struktur S nach Q eindeutig zu einem Homomorphismus $\phi : T^* \rightarrow Q$ erweitern, also durch $\phi(\varepsilon) = q_1$ ist ϕ eindeutig definiert, und zwar eben als Homomorphismus, nämlich

$$\forall x \in T^* \ \forall a \in T \ \phi(xa) = f_a(\phi(x))$$

Damit haben wir aber mit $\phi = r$ genau die rekursive Definition der Antwortfunktion r von F!

Der Wertebereich $ran(\phi) = \overline{Q}$ ist die Menge der von q_1 aus erreichbaren Zustände. Durch Beschränkung der Operationen f_a auf $\overline{Q}$ entsteht aus F der *reduzierte Akzeptor* F_{red}.

Für jedes $q \in \overline{Q}$ ist $\phi^{-1}(q)$ eine Klasse der durch ϕ induzierten Kongruenz $\alpha \in K$ auf T^* und damit nach der Bemerkung von (1) regulär. Und jede reguläre Sprache, die der Akzeptor F aufgrund der akzeptierenden Zustände $D \subseteq Q$ definiert, ist eine Vereinigung von solchen Klassen.

Die eben beschriebenen Zuordnungen zwischen Kongruenzen aus K und reduzierten Akzeptoren sind bijektiv, da bei den Übergängen

$$Akz.F_1 \overset{(2)}{\to} Kongr.\alpha \overset{(1)}{\to} Akz.F_2$$

F_1 und F_2 isomorphe Strukturen sind, bei

$$\alpha_1 \overset{(1)}{\to} F \overset{(2)}{\to} \alpha_2$$

sogar $\alpha_1 = \alpha_2$.

Damit haben wir bereits einen Satz bewiesen:

Satz 2.5.2. Eine Menge $L \subseteq T^*$ ist regulär genau dann, wenn sie mit einer Kongruenzrelation α auf T^* von endlichem Index verträglich ist.

Dabei soll "L ist verträglich mit α" heissen: L ist Vereinigung von Klassen unter α.

Die Betrachtungen dieses Abschnitts werden aber erst eigentlich abgerundet durch die Einführung der folgenden Konstruktion, welche einer beliebigen Teilmenge $L \subseteq T^*$ in natürlicher Weise eine Kongruenzrelation auf T^* zuordnet:

Definition. Die Relation

$$x \equiv_L y \iff \forall u \in T^* \ (xu \in L \leftrightarrow yu \in L)$$

heisst *syntaktische Kongruenz* von L.

Zunächst muss natürlich verifiziert werden, dass $\equiv_L$ wirklich eine Kongruenz ist. Die Äquivalenzeigenschaften sind offensichtlich. Ferner gilt für alle $a \in T$:

$$x \equiv_L y \implies \forall u(xau \in L \leftrightarrow yau \in L) \implies xa \equiv_L ya$$

Es gilt weiter der

Satz 2.5.3. $\equiv_L$ ist die gröbste mit L verträgliche Kongruenz. Das heisst $\equiv_L$ ist mit L verträglich, und für jedes α mit dieser Eigenschaft gilt $\alpha \subseteq \equiv_L$.

Beweis: Die Verträglichkeit von $\equiv_L$ folgt direkt aus der Definition ($u = \varepsilon$). Sei α mit L verträglich. Dann gilt:

$$x \mathbin{\underset{Kongr.}{\alpha}} y \implies \forall u \ (xu \mathbin{\alpha} yu) \underset{Verträgl.}{\implies} \forall u \ (xu \in L \leftrightarrow yu \in L) \implies x \equiv_L y$$

$\square$

Als Korollar zu den beiden vorherigen Sätzen ergibt sich

Satz 2.5.4 (Nerode). L ist regulär genau dann, wenn $\equiv_L$ von endlichem Index ist.

Betrachten wir nun zu einer *regulären* Sprache L alle mit L verträglichen Kongruenzen $\alpha \in K$. Gemäss den bisherigen Erkenntnissen sind diesen Kongruenzen eineindeutig gewisse L definierende reduzierte Akzeptoren zugeordnet, wobei: $Q = T^*/\alpha$.

Und in jedem dieser Akzeptoren ist $D \subseteq Q$ die Menge der Zustände, welche, als Klassen unter α betrachtet, durch Vereinigung gerade L ergeben.

Nach Satz 2.5.3 ist $\equiv_L$ in der Menge der verträglichen Kongruenzen das grösste Element bezüglich "$\subseteq$", also die gröbste Relation, das heisst diejenige mit der kleinsten Anzahl Klassen. Damit besitzt der entsprechende Akzeptor unter allen, welche L definieren, ebenfalls die kleinste Anzahl Zustände.

Satz 2.5.5. Zu einer regulären Sprache L ist der Akzeptor, dessen Zustände die Klassen unter $\equiv_L$ sind, derjenige mit der kleinsten Anzahl Zustände unter allen L definierenden Akzeptoren.

Man nennt diesen, $\equiv_L$ zugeordneten Akzeptor, den *Minimalakzeptor* von L. Es sei hervorgehoben, dass die Eindeutigkeit des Minimalakzeptors eine direkte Konsequenz aus Satz 2.5.3 ist.

Nach einem allgemeinen Satz existiert zu zwei Kongruenzen α, α' mit $\alpha \subseteq \alpha'$ ein natürlicher Homomorphismus ϕ von der einen Faktormenge auf die andere, $\phi: T^*/\alpha \rightarrow T^*/\alpha'$. Das heisst, dass insbesondere von jedem L definierenden Akzeptor (beziehungsweise T^*/α für eine mit L verträgliche Kongruenz $\alpha \in K$) ein Homomorphismus auf den Minimalakzeptor (beziehungsweise $T^*/\equiv_L$) existiert, nämlich die Abbildung, welche jeder Klasse unter α diejenige unter $\equiv_L$ zuordnet, in welcher erstere enthalten ist.

Bemerkung: Zu einer regulären Sprache L existiert im allgemeinen ein *nichtdeterministischer Akzeptor* mit weniger Zuständen, als in unserem deterministischen Minimalakzeptor auftreten. Die zugehörige Theorie ist komplizierter als im hier ausgeführten deterministischen Falle.

Zur Illustration der besprochenen Sätze möge das folgende Beispiel dienen: Sei $T = \{0, 1\}$, L die Sprache über T, welche genau die nichtleeren Wörter enthält, in denen keine zwei gleichen Zeichen aufeinander folgen. L ist regulär und wird durch den folgenden Akzeptor definiert:

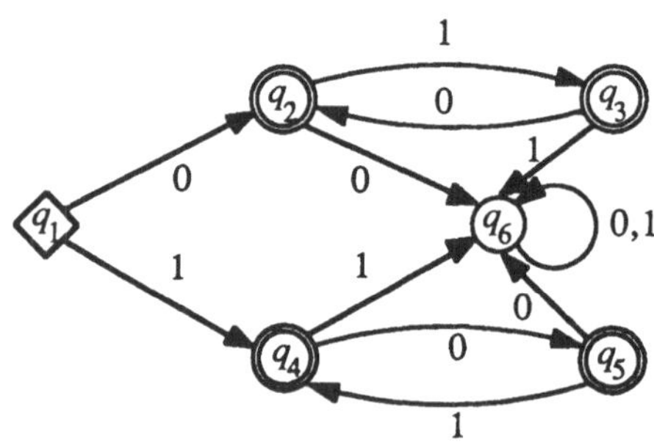

Abb. 2.5.1

Die entsprechende Kongruenz α erzeugt die sechs Klassen [ε] , [0] , [01] , [1] , [10] , [00]. L ist die Vereinigung der vier mittleren.

Die syntaktische Kongruenz $\equiv_L$ erzeugt nur vier Klassen, nämlich [ε] , [0] , [1] , [00]. Die mittleren beiden enthalten diejenigen Wörter aus L, welche mit 0, beziehungsweise 1 aufhören. Der Minimalakzeptor ist:

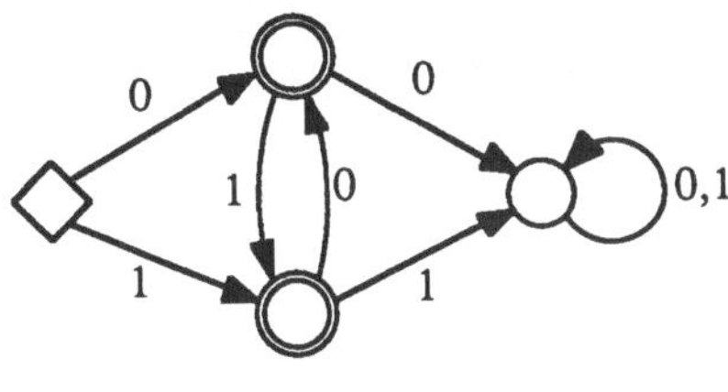

Abb. 2.5.2

Der im letzten Abschnitt erwähnte Homomorphismus bildet die Zustände q_2, q_5 beziehungsweise q_3, q_4 des ersten Akzeptors je auf einen der akzeptierenden Zustände des zweiten Akzeptors ab.

Zum Abschluss dieses Kapitels soll noch eine Verbindung zu einer etwas anderen Betrachtungsweise gezogen werden.

Wir haben zu einem gegebenen Akzeptor $F = <Q, \cdots, f_a, \cdots>$ mit Anfangszustand q_1 den Homomorphismus $\phi: T^* \to Q$ eindeutig durch Fortsetzung von $\phi(\varepsilon) = q_1$ auf T^* erhalten. Nun kann man zu diesem F auch noch eine andere, ähnliche Struktur $H = <Q^Q, \cdots, h_a, \cdots>$ betrachten, deren Trägermenge aus allen Funktionen von Q nach Q besteht. Die Operationen h_a definieren wir dann durch $h_a(z) = f_a \circ z$, $z \in Q^Q$. Durch Fortsetzung von $\psi(\varepsilon) = 1_Q$ auf T^* erhalten wir wieder einen Homomorphismus $\psi: T^* \to Q^Q$, nämlich $\psi(g_a(x)) = h_a(\psi(x))$, $x \in T^*$. $\psi(x)(q)$ ist somit der Zustand, in welchen man aus q durch Lesen des Wortes x gerät, und insbesondere ist $\psi(a) = \psi(g_a(\varepsilon)) = h_a(\psi(\varepsilon)) = f_a$. Dabei sind die g_a die Operationen der oben eingeführten Struktur S: $g_a(x) = xa$.

Offensichtlich gilt für alle $x, y \in T^*$: $\psi(x) = \psi(y) \Rightarrow \phi(x) = \phi(y)$, das heisst die durch ψ induzierte Kongruenz auf T^* ist feiner als die durch ϕ induzierte.

Bei der algebraischen Diskussion der endlichen Akzeptoren ist es sonst eher üblich, von der durch die Konkatenation von Wörtern erhaltenen *Monoidstruktur* auf T^*, $<T^*, \cdot>$ auszugehen, statt von unserer syntaktischen Struktur S. Die Kongruenzrelationen auf T^* sind dann auch entsprechend definiert. Analog zu unserem vorher beschriebenen Vorgehen lässt sich jeder Kongruenz α von endlichem Index ein Akzeptor mit $Q = T^*/\alpha$ zuordnen. In umgekehrter Richtung wird die Zuordnung jedoch etwas komplizierter und läuft über das unserer obigen Struktur H analoge Monoid von Q^Q bezüglich der Komposition. Denn jetzt existiert eben nicht mehr zu jedem (reduzierten) Akzeptor mit n Zuständen eine entsprechende Kongruenz mit n Klassen. Insbesondere ist für eine reguläre Sprache die Anzahl der durch die syntaktische Kongruenz erzeugten Klassen im allgemeinen grösser als die Anzahl Zustände des Minimalakzeptors! So führt etwa im eben ausgeführten Beispiel die syntaktische Kongruenz auf sechs Klassen und ergibt bei der direkten Übersetzung den von uns zuerst angegebenen Akzeptor mit sechs Zuständen.

Übungsaufgaben zum Kapitel 2

2-1. Die Sprache L über dem Alphabet $T = \{\,|\,, +, = \,\}$ bestehe aus den richtigen Additionen von ''Strichzahlen'' >0 mit genau einem Pluszeichen, also z.B.: $|+| = ||$, $||+||| = |||||$.

a)   Man suche eine kontextfreie Grammatik für L.

b)   Man zeige, dass L nicht regulär ist. (Pumping Lemma!)

2-2. Die Sprache L über dem Alphabet $T = \{0, 1\}$ bestehe aus der Binärdarstellung aller durch 3 teilbaren positiven natürlichen Zahlen (ohne führende Nullen), sowie 0. Gesucht sind:

a)   ein deterministischer Akzeptor für L,

b)   eine reguläre Grammatik für L,

c)   ein regulärer Ausdruck für L.

2-3. Man charakterisiere die Menge der regulären Sprachen über einem Alphabet, das nur aus einem Zeichen besteht.

2-4. Gegeben sei die reguläre Grammatik G:

$$
\begin{aligned}
S &\rightarrow bS \mid aA \mid aB \mid a \\
A &\rightarrow bB \mid b \\
B &\rightarrow bS
\end{aligned}
$$

a)   Man konstruiere zuerst einen nichtdeterministischen, daraus dann einen deterministischen Akzeptor für die durch G definierte Sprache L.

b)   Man finde einen regulären Ausdruck für L.

2-5. Die Sprache L über dem Alphabet $T = \{a, b\}$ bestehe aus allen Wörtern, welche gleich viele a wie b enthalten.

a)   Man suche eine kontextfreie Grammatik für L.

b)   Man zeige, dass L nicht regulär ist. (Warum nützt in diesem Falle das Pumping Lemma nichts?)

2-6. Für jedes Wort $x \in T^*$ sei $x^{\leftarrow}$ das aus x durch Umkehrung der Zeichenfolge entstehende Wort.

a)   Es ist zu beweisen, dass falls $L \subseteq T^*$ regulär ist, dann auch $L^{\leftarrow} = \{x^{\leftarrow} \mid x \in L\}$. (Hinweis: Man finde zu jedem regulären Ausdruck α einen regulären Ausdruck α', sodass $E(\alpha') = E(\alpha)^{\leftarrow}$).

b)   Man zeige, dass die *links-regulären* Grammatiken dieselbe Sprachklasse definieren wie die *rechts-regulären*. (vgl. Abschnitt 2.1)

2-7. Die Sprache L über dem Alphabet $T = \{a, b\}$ bestehe aus den Wörtern, in welchen nicht mehr als 2 gleiche Zeichen aufeinanderfolgen.

a)   Man konstruiere aufgrund der syntaktischen Kongruenz $\equiv_L$ den Minimalakzeptor.

b)   Es gibt für L einen nichtdeterministischen Akzeptor mit nur 3 Zuständen!

2-8. a) Ausgehend von zwei deterministischen Akzeptoren für die Sprachen L_1, L_2 gebe man direkt einen deterministischen ''Produkt-Akzeptor'' für $L_1 \cap L_2$ an.

b)   Man führe die Konstruktion explizit durch für $T = \{0, 1\}$ und

L_1 = Menge der Wörter, die mit 1 aufhören,

L_2 = Binärdarstellungen (auch mit führenden Nullen) der natürlichen Zahlen, die nicht durch 3 teilbar sind.

3 Fixpunkttheorie

In diesem Kapitel werden Mengenabbildungen τ über einer Grundmenge M betrachtet, also $\tau\colon P(M)\to P(M)$.

Definition. Eine Funktion τ heisst *monoton* genau dann, wenn für alle Teilmengen V, S gilt: $V\subseteq S \Rightarrow \tau(V)\subseteq\tau(S)$.

Eine Menge V heisst *abgeschlossen* bezüglich τ genau dann, wenn $\tau(V)\subseteq V$.

Eine Menge V heisst *Fixpunkt* von τ genau dann, wenn $\tau(V) = V$.

Selbstverständlich ist jeder Fixpunkt abgeschlossen, aber nicht umgekehrt. Es gilt jedoch der

Satz 3.1. Eine monotone Funktion τ besitzt einen kleinsten Fixpunkt. Dieser ist die kleinste bezüglich τ abgeschlossene Menge.

Beweis: Sei τ monoton, D die Menge der bezüglich τ abgeschlossenen Mengen, das heisst $D = \{V \mid \tau(V)\subseteq V\}$. Ferner sei F der Durchschnitt aller abgeschlossenen Mengen, also $F = \bigcap\limits_{V\in D} V$.

Für ein beliebiges $S\in D$ ist $F\subseteq S$, also $\tau(F)\subseteq\tau(S)\subseteq S$. Damit ist auch $\tau(F)\subseteq F$, das heisst F ist die kleinste abgeschlossene Menge. Wegen der Monotonie ist $\tau^2(F) \subseteq \tau(F)$, somit $\tau(F)\in D$, $F\subseteq\tau(F)$. Also ist $\tau(F) = F$, F ist Fixpunkt von τ. Weil aber jeder Fixpunkt abgeschlossen ist und damit in D liegt, ist F der kleinste Fixpunkt.

$\square$

In allen bei uns betrachteten Beispielen hat τ die Form $\tau(V) = A\cup\sigma(V)$ für eine feste, nichtleere Teilmenge $A\subseteq M$. Eine ganz besondere Rolle spielen die algebraischen Strukturen

$$B = \langle B, g_1, \cdots, g_m\rangle$$

wo die g_i n_i-stellige Operationen auf der Trägermenge B sind. Es sei

$$\sigma(V) = \{y\in B \mid y = g_i(x_1, \cdots, x_{n_i}) \text{ für ein } i \text{ und für } x_1, \cdots, x_{n_i}\in V\}$$

das heisst $\sigma(V)$ enthält alle Resultate der Operationen mit Argumenten aus V. Sei wieder $A\subseteq B$, $\tau(V) = A\cup\sigma(V)$. Offensichtlich sind die so definierten Funktionen σ, und damit auch τ, monoton.

Eine Menge ist also abgeschlossen bezüglich τ genau dann, wenn sie A enthält und wenn die Operationen g_i nicht aus ihr hinausführen.

Beispiel: $B = \langle B, g\rangle$ mit $B = \mathrm{N}$, $g(x, y) = x\cdot y$, $A = \{2, 3\}$. Also $\tau(V) = \{2, 3\}\cup\{x\cdot y \mid x, y\in V\}$. B selber ist Fixpunkt von τ, aber nicht der kleinste.

$G = \{2^n\cdot 3^m\cdot 5^k \mid n+m+k>0\}$ ist abgeschlossen bezüglich τ, aber nicht Fixpunkt $(5\notin\tau(G))$. Es ist hier an sich nicht schwierig einzusehen, dass $F = \{2^n\cdot 3^m \mid n+m>0\}$ der kleinste Fixpunkt ist, jedoch besteht offensichtlich das Bedürfnis nach einer expliziten gesicherten Darstellung von F. Dazu müssen wir etwas weiter ausholen.

Zunächst beweisen wir einen Satz, der erfahrungsgemäss dem Anfänger gerade deshalb etwas Mühe bereitet, da seine Aussage so einleuchtend erscheint. Wir nennen ihn das *Iterationslemma*; in der Literatur erscheint er auch als ''Rekursionstheorem''.

Satz 3.2. Sei k eine Funktion auf der Menge H, $k\colon H{\to}H$, und $a\in H$. Dann existiert genau eine Funktion $\phi\colon \mathbb{N}{\to}H$, sodass

$$\phi(0) = a, \quad \text{und}$$
$$\text{für alle } n\in\mathbb{N} \text{ gilt } \phi(n+1) = k(\phi(n))$$

Beweis: Wir führen die algebraische Struktur $B = {<}B,f{>}$ ein, mit $B = \mathbb{N}{\times}H$, $f({<}n,x{>}) = {<}n+1,k(x){>}$; und es sei $A = \{{<}0,a{>}\}$. σ und τ werden wie oben definiert. Eine Funktion ϕ besitzt offenbar die in der Behauptung des Satzes beschriebene Eigenschaft genau dann, wenn sie, als Paarmenge betrachtet, folgenden Bedingungen genügt:

$$<0,a> \in \phi, \quad \text{und}$$
$$\forall n,z \; [\exists x \;({<}n,x{>}\in\phi \,\wedge\, z = k(x)) \;\leftrightarrow\; {<}n+1,z{>}\in\phi]$$

das heisst aber: ϕ ist Fixpunkt der Funktion τ.

Sei Φ der kleinste Fixpunkt von τ, also die kleinste bezüglich τ abgeschlossene Menge. Wir zeigen, dass Φ (1) funktional, und (2) der einzige Fixpunkt mit dieser Eigenschaft ist. ''Φ ist funktional'' heisst hier (da wir im Moment nur totale Funktionen betrachten): Zu jedem n existiert genau ein $x\in H$, sodass ${<}n,x{>}\in\Phi$.

(1)   Induktionsbeweis nach n:

Verankerung: Sei auch ${<}0,b{>}\in\Phi, b \neq a$. $\Phi-\{{<}0,b{>}\}$ wäre auch abgeschlossen bezüglich τ, was einen Widerspruch zur Minimalität von Φ darstellt.

Induktionsschritt: Die Behauptung gelte für alle Zahlen $\leq n$. Sei ${<}n,x{>}\in\Phi$, und damit auch ${<}n+1,k(x){>}\in\Phi$. Es sei auch $w = {<}n+1,y{>}\in\Phi, y \neq k(x)$. Dann wäre wiederum $\Phi-\{w\}$ abgeschlossen bezüglich τ, da $w \neq {<}0,a{>}$ und w nicht Funktionswert von f sein kann, denn ${<}n,x{>}$ ist nach Induktionsvoraussetzung das einzige Paar aus Φ mit n. Damit liegt wieder der Widerspruch zur Minimalität von Φ vor. Φ ist also funktional und besitzt somit die im Lemma behauptete Eigenschaft.

(2)   Wenn ein weiterer funktionaler Fixpunkt $\phi \neq \Phi$ existieren würde, dann ergäbe sich aus $\Phi\subseteq\phi$ sofort der Widerspruch zur Funktionalität von ϕ. $\qquad\square$

Etwas vorgreifend möge hier schon festgestellt werden, dass unsere ganze Theorie im wesentlichen erhalten bleibt, wenn wir sie auf *verallgemeinerte algebraische Strukturen* $B = {<}B,g_1, \cdots ,g_m{>}$ anwenden, das heisst auf den Fall, dass die g_i *partielle n-stellige Funktionen* auf B sind. Die Funktionen σ und τ sind nämlich trotzdem total, und der erste Satz des Kapitels gilt genau gleich. Das Iterationslemma müsste folgendermassen verallgemeinert werden:

Satz 3.3. Sei k eine partielle Funktion auf H, $a\in H$. Dann existiert genau eine partielle Funktion $\phi\colon \mathbb{N}{\to}H$, sodass

$$\phi(0) = a$$

und für alle $n \in \mathbb{N}$ gilt:

$$\phi(n+1) = \begin{cases} k(\phi(n)), & \text{falls } \phi(n) \text{ und } k(\phi(n)) \text{ definiert} \\ \textit{undefiniert} & \text{sonst} \end{cases}$$

Beweis: Die Beschreibung von ϕ als Paarmenge wurde im vorherigen Beweis so formuliert, dass sie auch jetzt wörtlich stimmt. "Funktional" heisst jetzt: Aus $<n,x> \in \phi$ und $<n,x'> \in \phi$ folgt $x = x'$. Der Beweis (1) für die Funktionalität von Φ kann ebenfalls wörtlich übernommen werden. Für die Eindeutigkeit (2) beachte man, dass zwar jetzt auch ein grösseres ϕ, $\Phi \subseteq \phi$, funktional sein könnte. Falls jedoch ein grösserer Fixpunkt $\phi \neq \Phi$ funktional wäre, dann gäbe es ein kleinstes n, für welches ein Paar $<n+1,y> \in \phi - \Phi$. Da sich aber dieses Element in der Form $f(<n,x>)$ darstellen lassen müsste und $<n,x> \in \Phi$ wäre, resultiert der Widerspruch zur Fixpunkteigenschaft von Φ.

$\square$

Aufgrund des Iterationslemmas kann nun also (jetzt wieder für totales k) bedenkenlos die Folge $k^0(a) = a$, $k^1(a)$, $k^2(a)$, $\cdots$ mit $k^n(a) = \phi(n)$ gebildet werden. Insbesondere werden wir im Falle einer monotonen Mengenfunktion τ von der *Iterationskette von* τ: $\tau^0(\varnothing)$, $\tau^1(\varnothing)$, $\tau^2(\varnothing)$, $\cdots$ sprechen. Tatsächlich zeigt man sehr leicht durch Induktion, dass die Glieder dieser Folge eine Kette bilden:

$$\tau^0(\varnothing) \subseteq \tau^1(\varnothing) \subseteq \tau^2(\varnothing) \subseteq \cdots$$

Wenn τ mit den Bezeichnungen von vorher durch eine algebraische Struktur definiert ist, kommt der Iterationskette noch eine besondere Bedeutung zu: $\tau^{n+1}(\varnothing) = \tau^n(A)$ ist nämlich gerade die Menge der Elemente von B, die sich durch höchstens n-malige Anwendung von Operationen g_i aus A bilden lassen. Wir nennen deshalb die Vereinigung über die Iterationskette,

$$E = \bigcup_{n=0}^{\infty} \tau^n(\varnothing)$$

das *Erzeugnis der Operationen* g_i *über A.*

Es zeigt sich nun, dass durch eine Verschärfung der Monotonieeigenschaft eine weitere interessante Aussage über Mengenfunktionen gemacht werden kann. Zu diesem Zwecke sei festgelegt:

Definition. Eine Funktion τ heisst *stetig* genau dann, wenn für jede Kette (= total geordnete Menge) C von Mengen gilt:

$$\tau(\bigcup_{V \in C} V) = \bigcup_{V \in C} \tau(V)$$

Offenbar folgt aus der Stetigkeit die Monotonie:

$$V_1 \subseteq V_2 \;\Rightarrow\; \tau(V_1 \cup V_2) = \tau(V_1) \cup \tau(V_2) = \tau(V_2) \;\Rightarrow\; \tau(V_1) \subseteq \tau(V_2)$$

Damit gilt nun der

Satz 3.4. Der kleinste Fixpunkt einer stetigen Funktion τ ist gleich der Vereinigung T über die Iterationskette von τ, $T = \bigcup\limits_{n=0}^{\infty} \tau^n(\varnothing)$.

Beweis: $\tau(T) = \tau(\bigcup\limits_{n=0}^{\infty} \tau^n(\varnothing)) = \bigcup\limits_{n=1}^{\infty} \tau^n(\varnothing) = T$, das heisst T ist Fixpunkt.

Sei ferner T' irgend ein Fixpunkt von τ. Dann ist $\varnothing \subseteq T'$, $\tau(\varnothing) \subseteq \tau(T') = T'$, etc.; also folgt durch Induktion $\tau^n(\varnothing) \subseteq T'$, für alle n. Damit ist $T \subseteq T'$, also T der kleinste Fixpunkt.

$\square$

Und wiederum fügen sich die algebraischen Strukturen besonders schön ein, da dort die Voraussetzung der Stetigkeit immer erfüllt ist. Sei nämlich C eine Kette. Dann gilt für ein beliebiges $y \in B$:

$$y \in \sigma(\bigcup\limits_{V \in C} V)$$

$\Longleftrightarrow$

$\exists i, V_1, \cdots, V_{n_i} \in C; \ x_1 \in V_1, \cdots, x_{n_i} \in V_{n_i} \ [y = g_i(x_1, \cdots, x_{n_i})]$, das heisst y ist Resultat einer Operation mit Argumenten aus der Kette C

$\Longleftrightarrow$

$\exists i, V_0 \in C; \ x_1, \cdots, x_{n_i} \in V_0 \ [y = g_i(x_1, \cdots, x_{n_i})]$, das heisst y ist Resultat einer Operation mit Argumenten aus einem Element V_0 der Kette

$\Longleftrightarrow$

$\exists V_0 \in C; \ [y \in \sigma(V_0)]$, das heisst $y \in \sigma(V_0)$ für ein Element V_0 der Kette

$\Longleftrightarrow$

$$y \in \bigcup\limits_{V \in C} \sigma(V)$$

das heisst σ ist stetig. Daraus folgt aber sofort auch die Stetigkeit von τ:

$$\tau(\bigcup\limits_{V \in C} V) = A \cup \sigma(\bigcup\limits_{V \in C} V) = A \cup \bigcup\limits_{V \in C} \sigma(V) = \bigcup\limits_{V \in C} \tau(V)$$

Damit ist der folgende Satz bewiesen, für welchen wir eine ganze Reihe von Anwendungen finden werden:

Satz 3.5. Mit den bisherigen Bezeichnungen gilt für eine algebraische Struktur B: Das Erzeugnis der Operationen g_i über A ist die kleinste bezüglich dieser Operationen abgeschlossene Menge, welche A enthält, und zugleich der kleinste Fixpunkt von τ.

Auch hier kann wieder festgestellt werden, dass der Satz auch für *verallgemeinerte* algebraische Strukturen gilt. Man beachte, dass insbesondere beim Nachweis der Stetigkeit von σ nirgends eine Voraussetzung über die Totalität der g_i benützt wurde.

Es folgen zunächst einige Beispiele.

Beispiel 1: Nochmals zurück zum Beispiel am Anfang dieses Kapitels, mit $B = \mathbb{N}$, $g(x, y) = x \cdot y$, $A = \{2, 3\}$. Jetzt verfügen wir über die vorher vermisste explizite Darstellung für den kleinsten Fixpunkt von τ, und es dürfte nun klar sein, dass dieser, also das

Erzeugnis von g, gleich der Menge $\{2^n \cdot 3^m \mid n+m>0\}$ ist, da

$$\tau^{k+1}(\emptyset) = \tau^k(A) = \{2^n \cdot 3^m \mid 0 < n+m \leq 2^k\}$$

Bemerkung: Aus diesem Beispiel ist auch ersichtlich, dass für das Erzeugnis der Ausdruck $A \cup \sigma(A) \cup \sigma^2(A) \cup \cdots$ nicht genügt, sondern nur eine Teilmenge liefert, hier zum Beispiel $\{2^n \cdot 3^m \mid n+m = 2^k$ für ein $k \geq 0\}$. Die Glieder der Iterationskette sind eben im allgemeinen wirklich

$$\begin{aligned}
\tau(\emptyset) &= A \\
\tau^2(\emptyset) &= A \cup \sigma(A) \\
\tau^3(\emptyset) &= A \cup \sigma(A \cup \sigma(A)) \\
&\vdots
\end{aligned}$$

Falls jedoch in einer algebraischen Struktur bei der Anwendung der Operationen g_i auf A alle Elemente von A wieder erzeugt werden, also $A \subseteq \sigma(A)$, dann bilden die $\sigma^k(A)$ eine Kette, und es gilt:

$$\tau^{k+1}(\emptyset) = \tau^k(A) = A \cup \sigma(A) \cup \sigma^2(A) \cup \cdots \cup \sigma^k(A) = \sigma^k(A)$$

also

$$E = \bigcup_{k=0}^{\infty} \sigma^k(A)$$

(Übrigens gilt auch dann, wenn alle g_i einstellig sind: $\tau^k(A) = \bigcup_{i=0}^{k} \sigma^i(A)$, obwohl die $\sigma^k(A)$ keine Kette bilden müssen).

Beispiel 2: Die Sprache LOOP_n kann als Erzeugnis dargestellt werden. Sei die Grundmenge $M = T^*$, wo T das Terminalalphabet von LOOP_n ist, $A =$ Menge der Wertzuweisungen. Wir definieren die n einstelligen Operationen $g_1, \cdots, g_n$:

$$g_i(\Pi) = \textbf{loop } x_i \textbf{ do } \Pi \textbf{ od}$$

sowie die zweistellige Operation g_{n+1}:

$$g_{n+1}(\Pi_1, \Pi_2) = \Pi_1 ; \Pi_2$$

Dann ist LOOP_n das Erzeugnis der g_i über A, und $\text{LOOP} = \bigcup_{n=1}^{\infty} \text{LOOP}_n$.

Beispiel 3: Jetzt soll endlich der Beweis dafür nachgeholt werden, dass durch das Rekursionsschema genau eine Funktion definiert wird (siehe Abschnitt 1.2). Dieser Beweis verläuft prinzipiell gleich wie derjenige für das Iterationslemma und kann daher etwas knapper dargestellt werden. Es soll gerade das Schema für die simultane Rekursion bei den $(n+1)$-stelligen Funktionen $f_1, \cdots, f_m$ angesetzt werden:

$$\left.\begin{aligned}
f_i(x, 0) &= g_i(x) \\
f_i(x, y+1) &= h_i(x, y, f_1(x, y), \cdots, f_m(x, y))
\end{aligned}\right\} (i = 1, \cdots, m)$$

Wie früher ist x eine Abkürzung für $x_1, \cdots, x_n$. Wir schreiben die m Funktionen f_i als

Mengen von $(n+1+m)$-Tupeln $<x,y,z>$ und suchen eine Fixpunktdarstellung in der algebraischen Struktur $B = <B, \rho>$ mit

$$B = \mathbb{N}^n \times \mathbb{N} \times \mathbb{N}^m$$
$$\rho(<x,y,z>) = <x, y+1, h(x,y,z)> \text{ und}$$
$$A = \{ <x, 0, z> \mid z = g(x) \}$$

(Die Meinung ist offensichtlich, dass $g_i(x)$ die i-te Komponente des m-Tupels $g(x)$ sein soll; entsprechend für h_i, h).

Wie früher:

$$\sigma(V) = \{ t \in B \mid t = \rho(v) \text{ für ein } v \in V \}$$
$$\tau(V) = A \cup \sigma(V)$$

Die Tupelmenge $f \subseteq B$ erfüllt das Rekursionsschema genau dann, wenn sie

- funktional (total), und
- Fixpunkt von τ ist .

Der Nachweis dafür, dass der kleinste Fixpunkt von τ der einzige funktionale Fixpunkt ist, geschieht wie beim Iterationslemma.

Bei einer Ausdehnung auf partielle Funktionen ist folgendes zu beachten:

Ein $f \subseteq B$ ist jetzt funktional, wenn aus $<x,y,z> \in f$ und $<x,y,z'> \in f$ folgt $z = z'$. Immer noch erfüllt f das Rekursionsschema genau dann, wenn f funktional und Fixpunkt von τ ist. Im übrigen entspricht die notwendige Modifikation des vorherigen Beweises genau derjenigen beim Iterationslemma.

Schliesslich sei noch bemerkt, dass das Rekursionsschema einer algebraischen Struktur mit einer einstelligen Operation ρ entspricht, also

$$\tau^k(A) = A \cup \sigma(A) \cup \cdots \cup \sigma^k(A)$$

ist (siehe Bemerkung am Schluss von Beispiel 1).

Ein einfaches Beispiel mit $n = m = 1$ und totalen Funktionen möge die Tupeldarstellung der primitiven Rekursion illustrieren: Sei

$$g(x) = x, \quad h(x,y,z) = z+1, \text{ also}$$
$$\rho(<x,y,z>) = <x, y+1, z+1>$$

Damit ergibt sich:

$$A = \{ <0,0,0>, <1,0,1>, <2,0,2>, \cdots \}$$
$$\sigma(A) = \{ <0,1,1>, <1,1,2>, <2,1,3>, \cdots \}$$
$$\sigma^2(A) = \{ <0,2,2>, <1,2,3>, <2,2,4>, \cdots \}$$
$$\vdots$$

Offensichtlich handelt es sich bei dieser Funktion um die Addition $z = f(x,y) = x+y$.

Beispiel 4: Die Klasse der primitiv-rekursiven (partiell-rekursiven) Funktionen lässt sich leicht als ein Fixpunkt darstellen: Sei M die Menge aller n-stelligen Funktionen auf $\mathbb{N}$; $n = 0, 1, \cdots$; sei A die Menge der Ausgangsfunktionen Z, S, P, U_i^n. Mit $\sigma(V) =$

Menge der Funktionen, die sich aus solchen in V durch einmalige Anwendung des Kompositions-, Rekursions- (μ-) Schemas bilden lassen, erhält man die erwähnten Funktionsklassen gerade als Vereinigung über die Iterationskette von τ:

$$T = \tau^0(\emptyset) \cup \tau^1(\emptyset) \cup \tau^2(\emptyset) \cup \cdots$$

(σ und τ sind trivialerweise monoton). Um T als kleinsten Fixpunkt und damit auch als kleinste abgeschlossene Menge zu erkennen, benötigen wir noch die Stetigkeit von σ. Diese kann leicht direkt nachgewiesen werden. T könnte zwar auch hier als Erzeugnis in einer verallgemeinerten algebraischen Struktur interpretiert werden, doch bilden die g_i in diesem Falle sogar eine unendliche Folge von partiellen Operationen, da die zwei (beziehungsweise drei) Schemata immer nur auf eine passende Anzahl von Funktionen mit passender Stelligkeit angewendet werden können. Man kann aber zeigen, dass die Stetigkeit von σ auch bei dieser Verallgemeinerung der algebraischen Struktur immer noch garantiert ist. In diesem Beispiel ist $A \subseteq \sigma(A)$, was wieder auf eine vereinfachte Darstellung von T führt, da

$$\tau^{n+1}(\emptyset) = \tau^n(A) = \bigcup_{k=0}^{n} \sigma^k(A)$$

$$T = \bigcup_{n=0}^{\infty} \sigma^n(A)$$

(Siehe Bemerkung am Schluss von Beispiel 1).

Den Beweis dafür, dass jede primitiv-rekursive Funktion LOOP-berechenbar ist, haben wir früher, ohne die Funktion σ einzuführen, durch Induktion nach n geführt, indem wir zeigten, dass (1) die Behauptung für $A = \sigma^0(A)$ gilt, und (2) falls sie für $\sigma^n(A)$ richtig ist, dann auch für $\sigma^{n+1}(A)$. (Siehe Anfang Abschnitt 1.3).

Beispiel 5: $B = {<}B, g{>}$ sei eine verallgemeinerte algebraische Struktur mit $B = X^2$, X eine endliche Menge. (Eine Teilmenge $\xi \subseteq B$ ist also eine zweistellige Relation auf X, das heisst die Kantenmenge eines gerichteten Graphen mit Punktmenge X.)

g sei die zweistellige partielle Operation

$$g(u, v) = \begin{cases} {<}x, z{>}, & \text{falls } u = {<}x, y{>}, v = {<}y, z{>} \text{ für ein } y \in X \\ \textit{undefiniert} & \text{sonst} \end{cases}$$

Damit wird $\sigma(\xi) = \xi^2$ (Relationenprodukt, Komposition). Für eine feste, nicht leere Relation α setzen wir $A = \alpha$, also $\tau(\xi) = \alpha \cup \sigma(\xi)$. ξ ist abgeschlossen bezüglich τ genau dann, wenn $\alpha \subseteq \xi$ und $\sigma(\xi) = \xi^2 \subseteq \xi$, also wenn ξ α enthält und transitiv ist. Es gibt eine kleinste derartige Relation, nämlich den kleinsten Fixpunkt von τ, womit die eindeutige Existenz einer transitiven Hülle von α nachgewiesen ist.

Da ferner für das Relationenprodukt und die Vereinigung das Distributivgesetz gilt, also

$$(\alpha \cup \alpha^2 \cup \cdots \cup \alpha^k)^2 = \alpha \cup \alpha^2 \cup \cdots \cup \alpha^{2k}$$

ist

$$\bigcup_{k=0}^{\infty} \tau^k(\emptyset) = \bigcup_{k=1}^{\infty} \alpha^k$$

Somit erhält man für die *reflexiv-transitive Hülle* von α die Darstellung:

$$\overline{\alpha} = \alpha^0 \cup \alpha^1 \cup \alpha^2 \cup \cdots \quad (\alpha^0 = e = \textit{Gleichheit})$$

Übungsaufgaben zum Kapitel 3

3-1. Die folgenden beiden Mengenabbildungen τ_1, τ_2 auf $M = \mathbb{N}^2$ sind stetig:

$$\tau_1(V) = \{<0,0>\} \cup \{<x+1, y+1> \mid <x,y> \in V\}$$
$$\tau_2(V) = \{<0,0>\} \cup \{<x, y+1> \mid <x \dot- 1, y> \in V\}$$

Bei welchen von beiden ist der kleinste Fixpunkt eine funktionale Paarmenge?

3-2. Man versuche eine Mengenabbildung zu finden, welche monoton, aber nicht stetig ist.

4 Syntaktische Strukturen

Zuerst sei das Induktionsaxiom der natürlichen Zahlen in Erinnerung gerufen. Es lautet: Für jede Teilmenge $M \subseteq \mathbb{N}$ gilt: Falls $0 \in M$ und für jedes $x \in M$ auch $S(x) \in M$, dann ist $M = \mathbb{N}$.

Das heisst in der Terminologie des vorherigen Kapitels: In der algebraischen Struktur $\langle \mathbb{N}, S \rangle$ ist, mit $A = \{0\}$, $\mathbb{N}$ die kleinste bezüglich τ abgeschlossene Menge. (Wir hatten dort definiert: $\tau(V) = A \cup \sigma(V)$, und $\sigma(V) = $ Menge aller Resultate der Operationen mit Argumenten aus V). Es scheint somit folgerichtig, diese Idee zu verallgemeinern und eine algebraische Struktur $B = \langle B, g_1, \cdots, g_m \rangle$, zusammen mit einer nichtleeren Teilmenge $A \subseteq B$, welche diese Eigenschaft besitzt - das heisst B ist die kleinste bezüglich τ abgeschlossene Menge - eine *induktive Struktur* zu nennen.

Natürlich ist eine Struktur induktiv genau dann, wenn B das Erzeugnis der g_i über A, und damit auch der kleinste Fixpunkt von τ ist. (Dass jede Struktur mit $A = B$ induktiv wird, braucht uns nicht zu stören).

In einer solchen Struktur kann, in direkter Verallgemeinerung des geläufigen Induktionsbeweises, der Beweis für eine Eigenschaft der Elemente von B durch "Induktion nach der Struktur" geführt werden. Das heisst daraus, dass die Eigenschaft auf A vorhanden ist und bei Ausübung der Operationen g_i erhalten bleibt, folgt, dass alle Elemente von B diese Eigenschaft besitzen.

Als Anwendungsbeispiel möge der Beweis dafür dienen, dass jede LOOP-berechenbare Funktion primitiv-rekursiv ist. Wir haben in Beispiel 2 des letzten Kapitels LOOP_n als Erzeugnis in einer induktiven Struktur

$$\langle \text{LOOP}_n, g_1, \cdots, g_n, g_{n+1} \rangle$$

dargestellt, mit $A = $ Menge der Wertzuweisungen. Der Induktionsbeweis nach der Struktur für die Tatsache, dass jedes Programm aus LOOP_n ein n-Tupel von primitiv-rekursiven Funktionen berechnet, müsste darin bestehen, dass man folgendes zeigt:

- die Programme aus A erfüllen die Behauptung
- Π erfüllt Behauptung $\Rightarrow$ $g_i(\Pi) = $ **loop** x_i **do** Π **od** erfüllt Behauptung,
  $$i = 1, \cdots, n$$
- Π_1, Π_2 erfüllen Behauptung $\Rightarrow$ $g_{n+1}(\Pi_1, \Pi_2) = \Pi_1 ; \Pi_2$ erfüllt Behauptung

Diese Schritte haben wir früher durchgeführt. Statt von "Induktion nach der Struktur" zu sprechen, haben wir damals einen gewöhnlichen Induktionsbeweis nach der Länge des Programms geführt.

Für das folgende werden noch zwei weitere Begriffe bezüglich algebraischer Strukturen benötigt:

Definition. Ein Element $x \in B$ heisst *Atom* genau dann, wenn es nicht als Resultat einer Operation g_i auftritt. B besitzt die Eigenschaft der *eindeutigen Lesbarkeit* genau dann, wenn jedes $x \in B$ auf höchstens eine Art als Resultat einer Operation erzeugt werden kann, das heisst aus $g_i(x_1, \cdots, x_{n_i}) = g_j(y_1, \cdots, y_{n_j})$ folgt $i = j$ und $x_k = y_k$ für $k = 1, \cdots, n_i$.

Damit kann nun eine wichtige Klasse von induktiven Strukturen eingeführt werden, welche wir aufgrund unserer hauptsächlichen Anwendungen *syntaktische Strukturen* nennen wollen (auch *freie Algebren* genannt):

Definition. Eine algebraische Struktur $B = <B, g_1, \cdots, g_m>$ mit nichtleerer Atommenge A heisst *syntaktische Struktur* genau dann, wenn B das Erzeugnis der Operationen g_i über A ist und die Struktur eindeutig lesbar ist.

Beispiele:

- $<\mathbb{N}, S>$ ist eine syntaktische Struktur mit Atommenge $A = \{0\}$

- $<\mathbb{N}, +>$ mit $A = \{0, 1\}$ ist zwar induktiv über A, aber die Atommenge ist leer, und die eindeutige Lesbarkeit fehlt ebenfalls; die Struktur ist also nicht syntaktisch.

- Für ein beliebiges endliches Alphabet T ist $<T^*, \circ>$, wo "$\circ$" die Konkatenation bedeutet, keine syntaktische Struktur, dagegen sind es die freien m-Algebren von Abschnitt 2.5.

Die besondere Bedeutung der syntaktischen Strukturen geht deutlich aus dem folgenden Satz hervor. Zwei algebraische Strukturen werden in diesem Zusammenhang *ähnlich* genannt genau dann, wenn sie je dieselbe Anzahl Operationen gleicher Stelligkeit aufweisen.

Satz 4.1 (Hauptsatz über syntaktische Strukturen). Sei $B = <B, g_1, \cdots, g_m>$ eine syntaktische Struktur mit Atommenge A, $C = <C, k_1, \cdots, k_m>$ eine ähnliche Struktur, h eine beliebige Funktion $h: A \rightarrow C$. Dann lässt sich h eindeutig zu einem Homomorphismus $\phi: B \rightarrow C$ fortsetzen. Das heisst es existiert genau eine Funktion ϕ, sodass

- $\phi(x) = h(x)$ für $x \in A$, und

- $\phi(g_i(x_1, \cdots, x_{n_i})) = k_i(\phi(x_1), \cdots, \phi(x_{n_i}))$ für $i = 1, \cdots, m$ und $x_j \in B$

Beweis: Das Iterationslemma stellt offenbar den Spezialfall $B = <\mathbb{N}, S>$ dar. Es ist deshalb zu erwarten, dass der Beweis für den Hauptsatz auch wieder entsprechend demjenigen beim Iterationslemma geführt werden kann. Tatsächlich benützen wir auch hier eine weitere ähnliche algebraische Struktur, nämlich

$$M = <M, f_1, \cdots, f_m>$$

mit

$$M = B \times C$$
$$f_i(<x_1, y_1>, \cdots, <x_{n_i}, y_{n_i}>) = <g_i(x_1, \cdots, x_{n_i}), k_i(y_1, \cdots, y_{n_i})>$$

wo $x_j \in B$, $y_j \in C$.

Ferner sei $D = \{<x, h(x)> \mid x \in A\}$ und, wie früher,

$$\sigma(V) = \{f_i(<x_1,y_1>, \cdots) \mid i = 1, \cdots, m, \ <x_j,y_j> \in V \text{ für } j = 1, \cdots, n_i\}$$
$$\tau(V) = D \cup \sigma(V)$$

M ist eine syntaktische Struktur mit Atommenge D. Die Menge $\phi \subseteq M$ ist ein Homomorphismus, wie er in der Behauptung des Satzes beschrieben ist genau dann, wenn ϕ funktional und Fixpunkt von τ ist. Durch Induktion nach der Struktur zeigt man, dass der kleinste Fixpunkt von τ funktional ist. Dabei wird die eindeutige Lesbarkeit bei *M* benützt. Die Eindeutigkeit von ϕ ergibt sich wieder sofort daraus, dass eine grössere Menge nicht funktional sein kann.

□

Als direkte Konsequenz dieses Hauptsatzes ergibt sich der ebenfalls recht nützliche

Satz 4.2 (Isomorphiesatz). Zwei ähnliche syntaktische Strukturen sind isomorph genau dann, wenn ihre Atommengen die gleiche Mächtigkeit besitzen.

Für den Beweis, der hier nicht ausgeführt werden soll, hat man sich im wesentlichen zu überlegen, wie eine beliebige Bijektion zwischen den beiden Atommengen nach dem Hauptsatz eindeutig zu einem umkehrbaren Morphismus, also einem Isomorphismus, erweitert wird.

Die typischen Anwendungsfälle für den Hauptsatz, welche unseren syntaktischen Strukturen auch zu ihrem Namen verholfen haben, ergeben sich aus der Situation, dass durch die Struktur *B* die *Syntax* einer formalen Sprache beschrieben wird, und dass wir dieser Sprache dann mit der homomorphen Abbildung ϕ eine *Semantik* unterlegen.

Anhand der Programmiersprache LOOP_n wurde bereits früher gezeigt, wie sich die Syntax sowohl durch eine Produktionsgrammatik wie auch mittels eines Erzeugnisses darstellen lässt. Dies soll im folgenden durch einige weitere Beispiele illustriert und dann noch etwas systematischer ausgebaut werden. Dabei beschränken wir uns durchwegs auf *kontextfreie* Sprachen.

Beispiel 1: Die Sprache P werde durch die Grammatik über den Alphabeten $T = \{a, b, c, k, n\}$, $N = \{S\}$ mit den Produktionen $S \rightarrow a \mid b \mid c \mid kSS \mid nS$ definiert.

Für eine entsprechende induktive Struktur betrachten wir die Grundmenge $M = T^*$, die Teilmenge $A \subseteq M$, $A = \{a, b, c\}$ und die als Konkatenationen von Zeichenreihen definierten Operationen

$$g_1(x,y) = kxy, \ g_2(x) = nx$$

Es ist sofort einzusehen, dass deren Erzeugnis über A nichts anderes als P ist: "Herleitbar aus S" entspricht "durch die Operationen g_i aus der Atommenge A erzeugbar". Zum Beispiel ist *knakbc* $= g_1(na, kbc) = g_1(g_2(a), g_1(b,c)) \in P$. $P = <P, g_1, g_2>$ ist eine syntaktische Struktur; der Nachweis der eindeutigen Lesbarkeit ist eine Übungsaufgabe.

Die Sprache P kann leicht als die Menge der *aussagenlogischen Formeln* mit den Variablen a, b, c in der *klammerfreien* (Präfix-) Notation, auch polnische Schreibweise genannt, erkannt werden. Dabei bedeuten natürlich k Konjunktion, n Negation.

Damit ist auch klar, wie durch diese formale Sprache ein *Kalkül* beschrieben werden kann: Wir belegen die drei Variablen mit gewissen "Wahrheitswerten" (die wir hier 0, 1 nennen) und versuchen dann, die Wahrheitsbelegung auf beliebige Formeln der Sprache auszudehnen. Dass dies möglich ist, garantiert unser Hauptsatz, und zwar auf eindeutige Weise. Wir führen zu diesem Zwecke die zu P ähnliche Struktur $C = <\{0,1\}, \wedge, \neg >$ ein, wo "$\wedge$", "$\neg$" die bekannten logischen Operationen "und" (Konjunktion) und "nicht" (Negation) bedeuten. Die Funktion h des Satzes stellt die Wertbelegung der Variablen, der Homomorphismus ϕ diejenige beliebiger Formeln dar. Also im obigen Beispiel mit $h(a) = 0$, $h(b) = 1$, $h(c) = 0$:

$$\phi(na) = 1, \quad \phi(kbc) = 0, \quad \phi(knakbc) = 0$$

Für die *Klammerschreibweise* (Infix-Notation) der Aussagenlogik verwenden wir das Terminalalphabet $T = \{a, b, c, [,], \text{and}, \text{not}\}$ und die Operationen

$$d_1(x, y) = [x \text{ and } y]$$
$$d_2(x) = \text{not } x$$

Mit derselben Menge $A = \{a, b, c\}$ bilden wir das Erzeugnis K. Auch die Struktur $K = <K, d_1, d_2>$ ist syntaktisch (die eindeutige Lesbarkeit wird hier durch Klammern erzwungen); und aufgrund des Isomorphiesatzes sind P und K isomorph! Das vorherige Beispiel lautet jetzt: [**not** a **and**[b and c]].

Beispiel 2: Die *regulären Ausdrücke* wurden in Abschnitt 2.3 durch eine kontextfreie Grammatik formal definiert. Auch in diesem Falle ist sofort eine syntaktische Struktur $R = <R, g_1, g_2, g_3>$ anzugeben mit der Grundmenge $M = T^*$, $T = V \cup \{[,], \emptyset, \cup, *\}$, wo V ein beliebiges endliches Alphabet ist. R ist das Erzeugnis der Operationen

$$g_1(x, y) = [xy], \quad g_2(x, y) = [x \cup y], \quad g_3(x) = x^*$$

über der Atommenge $V \cup \{\emptyset\}$.

Um die regulären Ausdrücke mit Werten zu belegen, benützten wir schon früher (unausgesprochen) eine algebraische Struktur $C = <V, \circ, \cup, *>$ mit den Operationen Konkatenation, Vereinigung, Kleene-Stern; und in diesem Falle eine fixe Wertbelegung auf der Atommenge von R: $h(x) = \{x\}$ für $x \in V$ und $h(\emptyset) = \emptyset$. Durch den Hauptsatz wird unsere frühere Interpretation der regulären Ausdrücke, als einzig mögliche, nachträglich legitimiert. ("ε" wurde hier weggelassen; $h(\varepsilon) = h(\emptyset^*)$!)

Beispiel 3: Schliesslich kann auch die früher (Abschnitt 1.1) verwendete "naive" Semantik unserer Programmiersprachen LOOP und WHILE aufgrund des Hauptsatzes formalisiert werden. Wir haben bereits im letzten und am Anfang dieses Kapitels $LOOP_n$ als Erzeugnis in einer induktiven Struktur $B = <B, g_1, \cdots, g_{n+1}>$ dargestellt. Diese ist zwar nicht eindeutig lesbar; doch kann diese Forderung auch hier durch eine leichte Modifikation sofort erfüllt werden: Man braucht nur das Terminalalphabet um die beiden Zeichen **begin** und **end** zu erweitern, und

$$g_{n+1}(\Pi_1, \Pi_2) = \text{ begin } \Pi_1; \Pi_2 \text{ end}$$

zu setzen.

Eine formale Semantik für $LOOP_n$ muss nun jedem Programm Π eine Abbildung zuweisen, welche n-Tupel von natürlichen Zahlen (die Wertbelegung der Variablen) wieder in solche überführt. Diese Abbildungen haben wir bereits in Abschnitt 1.3 als primitiv-rekursiv erkannt. Auch in diesem Beispiel ist die Funktion h fest. Es sei dem Leser als Übungsaufgabe überlassen, h, sowie die Operationen k_i, in C zu etablieren.

Eine triviale Art von ''Semantik'' wurde übrigens am Anfang von Abschnitt 1.3 als *Länge* $l(\Pi)$ eingeführt. Die Bildstruktur $C = \,<C, k_1, \cdots, k_{n+1}>$ ist dort definiert durch $C = \mathbf{N}$; $k_i(x) = x+1$ für $i = 1, \cdots, n$; $k_{n+1}(x, y) = x+y$. Auf der Atommenge von $LOOP_n$ wird $l(\Pi) = 1$ gesetzt. So ist jetzt insbesondere sichergestellt, dass unsere Längendefinition tatsächlich eindeutig war.

Einen etwas anders gelagerten Fall stellt der folgende Nachtrag zu Abschnitt 2.5 dar. Dort wurden die *freie m-Algebra* $S = \,<T^*, \cdots, g_a, \cdots >$ über dem Alphabet T, $|T| = m$ sowie die algebraische Struktur eines endlichen Akzeptors $F = \,<Q, \cdots, f_a, \cdots >$ für dasselbe T miteinander in Verbindung gebracht. Wir hielten provisorisch fest, dass die Antwortfunktion r, welche jedem Wort $x \in T^*$ den nach Lesen von x erreichten Zustand zuordnet, ein Homomorphismus von S nach F ist.

Jetzt können wir feststellen, dass S selbstverständlich eine syntaktische Struktur mit Atommenge $\{\varepsilon\}$ und F eine ähnliche Struktur ist, und dass nach unserem Hauptsatz die Zuordnung $r(\varepsilon) = q_1$ eindeutig zu einem Homomorphismus auf T^* erweitert werden kann, sodass also die Gleichung

$$r(xa) = r(g_a(x)) = f_a(r(x))$$

gilt.

Bemerkenswert am Vorgehen in Abschnitt 2.5 ist ferner, dass ausgehend von der universellen Struktur S und einer speziellen regulären Wortmenge $L \subseteq T^*$ zuerst über die Kongruenz $\equiv_L$ der Homomorphismus r und erst daraus die Bildstruktur des Minimalautomaten konstruiert wird.

Doch nun zurück zum Problemkreis der Syntax formaler Sprachen. Aus den bisherigen Beispielen, in welchen überall nur ein Nichtterminalsymbol vorkam, ist das allgemeine Verfahren beim Übergang von der Grammatik zur algebraischen Struktur wohl klar geworden:

Sei G eine kontextfreie Grammatik über den Alphabeten T und N, wobei $N = \{S\}$. Wir konstruieren daraus eine algebraische Struktur über der Grundmenge $M = T^*$, indem für jede Produktion $S \rightarrow w$ gelten soll:

-   Falls $w \in T^*$: $w \in A$.

-   Sonst: Der Produktion entspricht eine Konkatenationsoperation g_i, die für jedes Auftreten von S in w je eine Argumentstelle enthält.

Der Beweis dafür, dass $L_S(G) =$ Erzeugnis der g_i über A, ist nicht schwierig, muss aber doch sorgfältig ausgeführt werden, was wir uns hier schenken.

Es sei darauf hingewiesen, dass in der nach dem geschilderten Verfahren entstandenen Struktur weder A *Atommenge* zu sein braucht noch die *eindeutige Lesbarkeit* garantiert ist. Im allgemeinen ist also nicht die Rede von einer syntaktischen Struktur. Immerhin sind doch diejenigen Fälle besonders interessant, wo diese Bedingungen erfüllt sind, beziehungsweise durch unbedeutende Modifikationen (Klammerung) erzwungen werden können.

Falls nun in der gegebenen Grammatik $|N| > 1$ ist, muss der Begriff der syntaktischen Struktur etwas verallgemeinert werden. Sei also $N = \{S_1, S_2, \cdots, S_n\}$. Dann führen wir die *mehrsortige Struktur*

$$B = <B_1, B_2, \cdots, B_n; g_1, \cdots, g_m>$$

ein. Die $B_i \subseteq M$, $M = T^*$ heissen auch *syntaktische Kategorien*. In Verallgemeinerung des Falles $n = 1$ werden die Teilmengen A_i durch die Produktionen $S_i \rightarrow w$, $w \in T^*$ definiert, und aus den übrigen Produktionen ergeben sich *partielle* Operationen mit Argumenten und Resultat im allgemeinen aus verschiedenen B_j. Die B_j schliesslich lassen sich wieder als Erzeugnisse der Operationen über den A_i definieren, und es ist dann ebenfalls

$$L_{S_i}(G) = B_i, \quad i = 1, 2, \cdots, n$$

Bezüglich Atomizität und eindeutiger Lesbarkeit gilt das oben gesagte. Die letztere Eigenschaft muss hier sinngemäss so definiert werden, dass für ein $x \in B_i$ höchstens eine Darstellung als Resultat einer Operation, *die nach B_i führt*, existiert, wogegen nicht ausgeschlossen werden soll, dass dasselbe x in verschiedenen B_i produziert werden kann.

In der Praxis der Programmiersprachen hat sich als Darstellungsmittel für die formale Syntax vor allem das *Syntaxdiagramm* eingebürgert. Dabei zeichnet man für jedes Nichtterminalsymbol je ein entsprechendes Diagramm. Aus jeder Produktion der Grammatik wird eine Zeile des Diagramms. Üblicherweise werden die Zeichen aus T und N durch die Form der Kästchen unterschieden.

Beispiel:

Alphabete:
$$T = \{0, 1\}, N = \{S\}$$

Produktionen:
$$S \rightarrow 10 \mid 1S0 \mid SS$$

Syntaxdiagramm:
S:

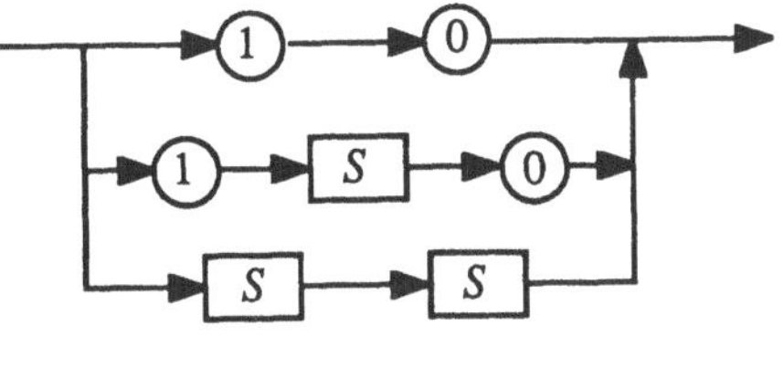

Abb. 4.1

Die schematische Anwendung der eben angedeuteten Übersetzungsvorschrift führt im allgemeinen auf Diagramme, die sich noch vereinfachen lassen. So würde man etwa hier die ersten beiden Zeilen so zusammenfassen, dass die Zeichen 1 und 0 nur je einmal vorkommen und S überbrückt werden kann (siehe unten).

Wenn man übrigens die Zeichen 1 und 0 als öffnende, beziehungsweise schliessende Klammer interpretiert, erkennt man die Sprache sofort als Menge aller korrekten Klammerungen.

Anhand dieses einfachen Beispiels soll gerade noch die banale Tatsache illustriert werden, dass die eindeutige Lesbarkeit kein Merkmal der Sprache, sondern der Grammatik, beziehungsweise der algebraischen Struktur ist. Offensichtlich ist die obige Grammatik nicht eindeutig lesbar. Durch Einführung eines zweiten Nichtterminalsymbols kann die gewünschte Eigenschaft jedoch sofort hergestellt werden:

Alphabete:

$$T = \{0, 1\}, \quad N = \{S, E\}$$

Produktionen:

$$S \rightarrow E \mid ES, \quad E \rightarrow 10 \mid 1S0$$

Vereinfachte Syntaxdiagramme:

S:

E:

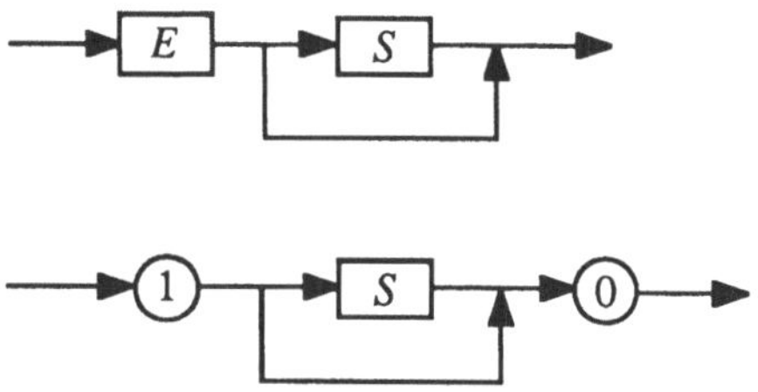

Abb. 4.2

Jetzt sieht man auch sofort, wie das Zeichen E nachträglich wieder eliminiert werden könnte, ohne dass die eindeutige Lesbarkeit verloren geht.

Die eindeutige Lesbarkeit spielt in der Praxis der *Syntaxanalyse* eine hervorragende Rolle. Allerdings gibt man sich dort mit dieser Eigenschaft noch nicht zufrieden, sondern möchte sogar während des Prozesses, der die Zugehörigkeit eines gegebenen Wortes zur Sprache entscheidet (top-down parsing), aufgrund jedes neu gelesenen Zeichens bereits die endgültig richtige Wahl an jeder Verzweigungsstelle im Syntaxdiagramm treffen können. Man überzeuge sich selber davon, dass bei der angegebenen Lösung auch diese schärfere Bedingung erfüllt ist; dass sie hingegen verloren geht, wenn man die Produktion $S \rightarrow ES$ ersetzt durch $S \rightarrow SE$; obwohl die eindeutige Lesbarkeit immer noch besteht.

In allen bis dahin besprochenen Beispielen konnte übrigens festgestellt werden, ob die betreffende Grammatik (algebraische Struktur) eindeutig lesbar ist oder nicht. Wir werden aber in Abschnitt 6.1 zeigen, dass das allgemeine Problem der eindeutigen Lesbarkeit *unentscheidbar* ist!

Als Alternativschreibweise zu den Produktionsgrammatiken ist in der Praxis auch die sogenannte *Backus-Naur-Form* sehr gebräuchlich. Man erweitert dann gerne den

Formalismus noch durch gewisse Zusätze, welche die unbeschränkte Repetition von Wortteilen erlauben. Solche Repetitionsschleifen drängen sich natürlich in den Syntaxdiagrammen geradezu auf. Als Beispiel dafür sei eine vereinfachte Syntax der arithmetischen Ausdrücke mit nur einer Variablen a in Klammerschreibweise beschrieben, mit

$$T = \{a, +, \cdot, [,]\}$$
$$N = \{Ausdruck, Term, Faktor\}$$

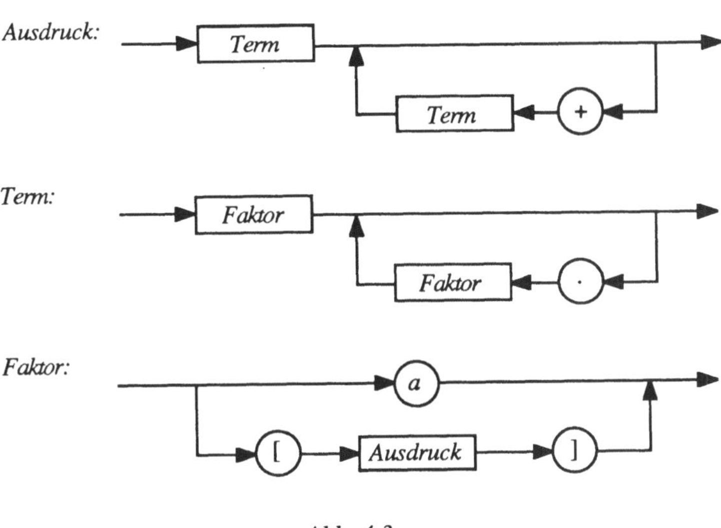

Abb. 4.3

Man überlege sich die Verhältnisse bezüglich der eindeutigen Lesbarkeit, sowie der vorhin erwähnten verschärften Forderung.

Übungsaufgaben zum Kapitel 4

4-1. B sei das Erzeugnis der Operation $f(x, y) = 3x+5y$ über $A = \{0, 1, 2\}$ (Grundmenge $M = \mathbb{N}$).

a)   Ist $<B, f>$ eine syntaktische Struktur?

b)   Man zeige, dass $\bar{B}$ (Komplement) endlich ist. (Hinweis: Man versuche, Zahlen $0 < n < m$ zu finden, sodass

   (1) das Intervall $[n, m-1]$ in B liegt, und

   (2) sich alle Zahlen $\geq m$ durch $x \geq n, y \leq 2$ erzeugen lassen).

4-2. Man beweise, dass die Sprache P der *aussagenlogischen Formeln* in der klammerfreien (Präfix-) Schreibweise, sowie die entsprechende Sprache K für die Formeln in Klammerschreibweise Erzeugnisse in syntaktischen Strukturen sind. (vgl. Beispiel 1).

4-3. Man versuche, den in Kapitel 4 kurz beschriebenen Übergang von einer kontextfreien Grammatik zu einer mehrsortigen algebraischen Struktur für den Fall einer *regulären* Grammatik im Detail nachzuvollziehen.

a)   Welchen notwendigen und hinreichenden Bedingungen muss die gegebene Grammatik genügen, damit aus ihr eine syntaktische Struktur entsteht? (A_i Atommengen, eindeutige Lesbarkeit).

b)   Welches sind die Bedingungen für die schärfere Eindeutigkeitseigenschaft, welche beim Parsing-Prozess relevant ist?

c)   Man vergleiche die obigen Bedingungen mit denjenigen, welche erfüllt sein müssen, damit der direkt aus der Grammatik konstruierte Akzeptor deterministisch wird. (s. Beweis zu Satz 2.2.3. Im so erhaltenen Akzeptor wären noch die sonst nicht interessierenden aus dem Zustand E hinausführenden Pfeile zu ergänzen.)

d)   Ist die Eigenschaft der eindeutigen Lesbarkeit für reguläre Grammatiken entscheidbar? (s. auch Kapitel 6, unlösbare Probleme der Informatik).

Teil II

5 Gödelisierung und Universalprogramme

Vorbemerkung: Das Halteproblem in PASCAL:

Wir denken uns PASCAL in dem Sinne verallgemeinert, dass der Datentyp STRING mit der Menge ASCII* zusammenfällt. In einer solchen Programmiersprache sind nun Programme, als Objekte vom Typ STRING verstanden, selbst mögliche Eingabewerte von Programmen. Deshalb ist es denkbar, dass man eine Prozedur programmieren könnte, welche für eine Eingabe, bestehend aus einem Programm PROG (vom Typ STRING) und Eingabedaten EING (ebenfalls vom Typ STRING) entscheidet, ob PROG auf Eingabe EING hält oder nicht. Es sei

PROCEDURE HALT (PROG, EING: STRING; VAR STOP: BOOLEAN)

eben diese Prozedur. Sie hält also auf PROG, EING genau dann mit dem Wert STOP = TRUE wenn das Programm PROG auf der Eingabe EING terminiert, sonst hält die Prozedur HALT mit dem Wert FALSE.

Eine solche Prozedur existiert aber nicht. Sonst könnte man nämlich mit ihrer Hilfe folgendes Programm schreiben:

```
PROGRAM DIAGONAL;
     VAR ST: STRING; STOP: BOOLEAN;
     PROCEDURE HALT · · · ;
BEGIN READ(ST);
     HALT(ST, ST, STOP);
     WHILE STOP DO STOP := TRUE
END
```

Lassen wir nun das Programm DIAGONAL auf der Eingabe DIAGONAL laufen. Die entsprechende Berechnung terminiert dann und nur dann, wenn STOP beim Aufruf der Prozedur HALT den Wert FALSE erhält, (sonst entsteht eine unendliche Schleife in der WHILE-Anweisung). Der Aufruf

HALT(DIAGONAL, DIAGONAL, STOP)

erhält aber nach Annahme genau dann den Wert FALSE, wenn das Programm DIAGONAL auf der Eingabe DIAGONAL nicht terminiert. Ein Widerspruch; die Annahme gilt nicht.

Wir sind hier einem Grundphänomen der Berechnungstheorie begegnet, nämlich der Grenze der prinzipiellen Berechenbarkeit. Es ist nämlich durchaus nicht so, dass die Unmöglichkeit, in PASCAL die Prozedur HALT zu schreiben, auf eine Schwäche dieser Programmiersprache hindeutet; dieses Phänomen tritt auf bei allen ''genügend starken'' Programmiersprachen.

Im vorliegenden Kapitel wollen wir diese Tatsache etwas deutlicher herausstellen und analysieren. Zur Gewährleistung der Methodenreinheit werden wir allerdings fürs Erste wieder von Berechenbarkeit und Nicht-Berechenbarkeit auf den natürlichen Zahlen sprechen (statt auf ASCII*); dies erlaubt einen Anschluss an die elementaren Ergebnisse über die Grundbegriffe der Rekursionstheorie, die wir früher erreicht haben.

5.1 Gödelnumerierung

Die Vorbemerkung hat eine ganz wesentliche, vielleicht die wesentlichste, Erkenntnis der Berechnungstheorie angesprochen, nämlich die Möglichkeit, denselben Bereich von Objekten einerseits als Rechenvorschriften und andererseits als Daten zu betrachten. Diese Betrachtungsweise macht aus der Aktivität des Rechnens eine Operation in einem einzigen Bereich, den Zeichenketten, dem Datentyp STRING. Und ein solcher, *reflexiv* genannter, Bereich wird demzufolge der Objektbereich einer tiefergreifenden mathematischen Theorie des Rechnens sein.

Nun ist aus pädagogischen Gründen vielleicht STRING der ansprechendste reflexive Bereich, für eine detaillierte Behandlung aber eignet sich wohl ein Bereich besser, dessen Mathematik uns vertrauter ist, nämlich die natürlichen Zahlen N. Allerdings sind wohl Programme (in LOOP oder WHILE) als solche Objekte nicht in N, vielmehr sind sie ja eben Zeichenketten. Dem ist hingegen leicht abzuhelfen: die Gödelnumerierung wird jedem Programm eine natürliche Zahl als Code zuweisen. Statt nun aber die Gödelnumerierung an einer der beiden erwähnten Sprachen durchzuführen, tun wir dies an einer Sprache GOTO. Diese ist nicht "strukturiert", sondern arbeitet mit Zeilennummern zur Steuerung des Programmablaufs. Technisch ist dies eine historische Regression (FORTRAN), aber einerseits ist alles, was WHILE-programmierbar ist, auch in GOTO zu programmieren, und andererseits haben wir für das Folgende eine Verminderung des technisch-notationellen Aufwandes eingehandelt.

Die Programmiersprache GOTO:

Variablen:

$$x_1, x_2, \cdots, x_m$$

Label:

Positive natürliche Zahl

Programm:

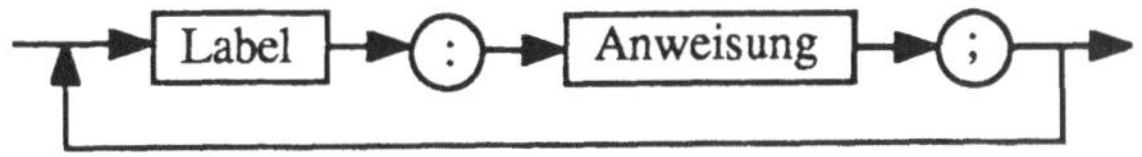

Anweisung:

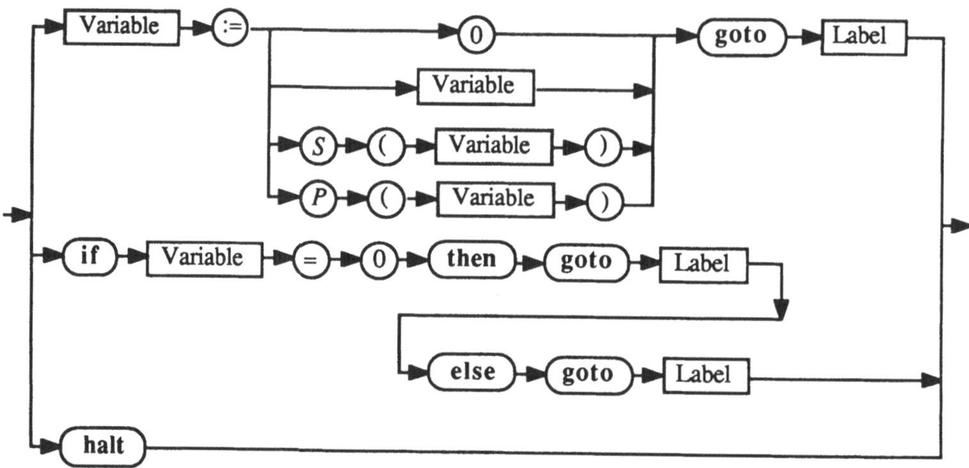

Aus den so ermöglichten Programmen wollen wir noch gewisse durch "kontextuale" Bedingungen bestimmte legale Programme aussondern:

-   In einem Programm sollen nie zwei verschiedene Anweisungen dasselbe Label haben. Die Labels bilden ein Anfangsstück der Zahlenreihe.

-   Jedes Label aus dem Kontext "**goto** Label" muss auch als Label einer Anweisung vorkommen.

-   Zuweisungen mittels $x_i := S(x_j)$; $x_i := P(x_j)$ haben stets $i = j$.

Die Semantik der GOTO-Programme wollen wir als operationelle Semantik verstehen. Sie wird unten im Zusammenhang mit der Simulierung im Detail aufgebaut (Kapitel 6).

Gödelnumerierung:

Als Hilfsmittel der Gödelnumerierung von Programmen und Werten verwenden wir die folgenden Funktionen, die alle primitiv-rekursiv sind:

$$+, \cdot, \dot{-}, |-|, sg, \overline{sg};$$
$$\varepsilon(x,y) = sg(|x-y|);$$
$$\overline{\varepsilon}(x,y) = \overline{sg}(|x-y|);$$
$$p_n: n\text{-te Primzahl}, \ p_1 = 2, \ p_2 = 3, \ \cdots;$$

$e_p(x)$: Exponent der Primzahl p in der Primfaktorisierung von x;

$x \bmod p$: Rest von x bei Division durch p.

Die Gödelnumerierung selbst ist durch folgende Tabelle definiert:

Anweisung B:	Anweisungscode $\overline{B}$:
$x_k := 0$ **goto** p	$2^p \cdot 3^k \cdot 5$
$x_k := S(x_k)$ **goto** p	$2^p \cdot 3^k \cdot 7$
$x_k := P(x_k)$ **goto** p	$2^p \cdot 3^k \cdot 11$
$x_i := x_j$ **goto** p	$2^p \cdot 3^i \cdot 13^j$
if $x_k = 0$ **then goto** p **else goto** q	$17^k \cdot 19^p \cdot 23^q$
halt	29

Programm $\Pi(x_1, \cdots, x_m)$:	Programmcode $\overline{\Pi(x_1, \cdots, x_m)}$:
$1:B_1;$ $\quad$ $2:B_2;$ $\quad$ $\vdots$ $\quad$ $t: B_t;$	$2^{\overline{B_1}} \cdot 3^{\overline{B_2}} \cdot 5^{\overline{B_3}} \cdot \ \cdots \ \cdot p_t^{\overline{B_t}}$

Wertetupel a:	Wertecode $\overline{a}$:
$<a_1, \cdots, a_m>$	$2^{a_1} \cdot 3^{a_2} \cdot 5^{a_3} \cdot \ \cdots \ \cdot p_m^{a_m}$

5.2 Ein Universalprogramm

Es sei $\Pi(x_1, \cdots, x_m)$ ein GOTO-Programm und $<a_1, \cdots, a_m> \in \mathbb{N}^m$ eine Eingabe für Π. Das im folgenden beschriebene *Universalprogramm* $\omega(x, y, u, v, \cdots)$ soll als Eingabe für x die Gödelnummer $\overline{\Pi}$ von Π erhalten und als Eingabe für y den Wertcode $\overline{<a_1, \cdots, a_m>}$ der Eingabe für Π; für die übrigen Variablen von ω ist der Eingabewert 0. Nun soll ω den Berechnungsablauf von Π schrittweise nachvollziehen und zwar so, dass in jedem simulierten Berechnungsschritt die Operation von Π auf dem Speicher als entsprechende Operation auf dem Wertecode des Speichers durchgeführt wird. Universal soll das Programm deshalb heissen, weil es dies für jedes Π tut. Die Details der Konstruktion von ω sind leicht aus der folgenden Aufstellung zu entnehmen:

Intendierte Bedeutung der Variablen von ω:

x $\quad$ enthält den Programmcode $\overline{\Pi}$ von Π

y $\quad$ enthält den Wertecode für die Speicherplatzbelegung von Π in jedem simulierten Schritt

u $\quad$ enthält das Label der simulierten Instruktion in Π

v $\quad$ enthält den Anweisungscode der simulierten Instruktion

Da offensichtlich nicht jeder Zahlwert von x auch Gödelnummer eines Programms sein kann (hingegen ist jeder Zahlwert von y ein Wertecode), so brauchen wir eine Entscheidungsfunktion:

$$prog(x) = \begin{cases} 1, & \text{falls } x \text{ Gödelnummer eines Programms ist} \\ 0 & \text{sonst} \end{cases}$$

Der Erklärung der Gödelnumerierung von Programmen gemäss, stellt sich *prog* als primitiv-rekursive Funktion heraus.

Das Programm ω, in WHILE geschrieben, lautet wie folgt:

if $prog(x) = 0$ **then while** $0 = 0$ **do** $x := x$ **od else**
begin $u := 1$; $v := instr(x, u)$;
      while $v \neq 29$ **do**
           $u := next(v, y)$; $y := simul(v, y)$; $v := instr(x, u)$ **od**
end

In diesem Programm holt *instr* den Anweisungscode der Anweisung mit Label u im Programm mit Programmcode x. Offenbar ist $instr(x, u) = e_{p_u}(x)$ und deshalb primitiv-rekursiv. Die Funktion $simul(v, y)$ simuliert die Anweisung mit Code v auf einem Wertetupel mit Code y und gibt den Code des Resultates zurück. Sie wird offensichtlich berechnet nach Fallunterscheidung: Man prüft Teilbarkeit von v durch 5, 7, 11, 13, 17 und verfährt mit y entsprechend, was auf Divisionen und Multiplikationen mit Primzahlen herausläuft. Im ganzen ist wieder *simul* eine primitiv-rekursive Funktion. Die Funktion $next(v, y)$ sucht das Label der nächst auszuführenden Anweisung des Programms. Dazu macht sie zuerst eine Fallunterscheidung, ob 2 ein Faktor ist, etc.. Auch *next* ist primitiv-rekursiv. - Offenbar leistet ω das Gewünschte, was wir in folgendem Satz als Sachverhalt feststellen wollen:

Satz 5.2.1 (Simulationssatz). Für jedes Programm Π hält ω auf $<\overline{\Pi}, \overline{a}, 0, 0>$ mit Ausgabe $<\overline{\Pi}, \overline{b}, \cdots>$ genau dann, wenn Π auf Eingabe $a = <a_1, \cdots, a_m>$ mit Ausgabe $b = <b_1, \cdots, b_m>$ hält.

Beweis: Durch schrittweise Induktion: In jedem simulierten Schritt bleibt die Entsprechung zwischen Speicher von Π und Wert von y erhalten.

$\square$

Simulationsdiagramm:

Den Sachverhalt der Simulation von $\Pi(\cdot)$ durch $\omega(\overline{\Pi}, \cdot)$ kann man sich mit Hilfe des nachfolgenden Diagramms etwas plastischer vorstellen:

Das Diagramm

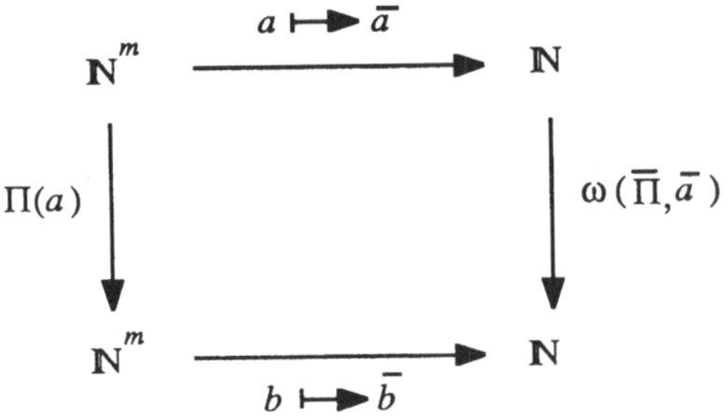

Abb. 5.2.1

ist kommutativ, das heisst es gilt für alle m und $\Pi(x_1, \cdots, x_m)$:

$$\overline{\Pi(a)} = \omega(\bar{\Pi}, \bar{a}) \text{ für alle } a = <a_1, \cdots, a_m> \in \mathbb{N}^m$$

Bemerkung: Für den noch ausstehenden Beweis von Satz 1.4.4 modifizieren wir ω so, dass höchstens n Instruktionen simuliert werden. Wenn dabei keine **halt**-Instruktion erreicht wird, soll ein fester Wert k ausgegeben werden. $W \neq 0$ sei nun Wertebereich einer partiell-rekursiven Funktion g. Falls $k \in W$ und Π ein festes Programm für g ist, hat aber die von obigem Programm berechnete rekursive Funktion $f(\bar{\Pi}, \overline{<a_1, \cdots, a_m>}, n)$ ebenfalls den Wertebereich W, also ist W rekursiv aufzählbar.

5.3 Ausblick in die Rekursionstheorie

Durch die Gödelnumerierung und das Universalprogramm haben wir die Menge $\mathbb{N}$ der natürlichen Zahlen zu einem reflexiven Bereich im Sinn von Abschnitt 5.1 gemacht. $\mathbb{N}$ kann also als Objektbereich einer tiefergreifenden mathematischen Theorie des Rechnens dienen. Diese Theorie ist die sogenannte Rekursionstheorie, von der wir nun ein paar ihrer Hauptresultate vorstellen.

Wir beginnen mit dem Satz, welcher noch einmal konkret ausdrückt, dass der Bereich $\mathbb{N}$ der natürlichen Zahlen sowohl als Datenmenge wie als Menge von Rechenvorschriften gedeutet werden kann.

Satz 5.3.1 (Aufzählbarkeitssatz). Für jedes n gibt es eine partiell-rekursive Funktion Φ^n derart, dass zu jeder partiell-rekursiven Funktion $f: \mathbb{N}^n \to \mathbb{N}$ ein sogenannter Index i besteht mit

$$\Phi^n(i, x_1, \cdots, x_n) \simeq f(x_1, \cdots, x_n)$$

Bemerkung: Der Index von f (in Bezug auf Φ^n) ist nicht eindeutig bestimmt; jede Funktion hat viele Indizes, wie ja auch jede partiell-rekursive Funktion von vielen Programmen berechnet wird.

Beweis: Sei f partiell rekursiv, und es berechne $\Pi(x_1, \cdots, x_n)$ an der Stelle x_1 den Wert von f. Sei ferner $w(x,y)$ die vom Universalprogramm ω an der Stelle y berechnete partiell-rekursive Funktion. Man nehme

$$\Phi^n(i, x_1, \cdots, x_n) := e_2(w(i, 2^{x_1} \cdot 3^{x_2} \cdot \cdots \cdot p_n^{x_n}))$$

$\overline{\Pi}$ ist dann ein Index von f.

□

Vereinbarung: Für $\Phi^n(i, \cdots)$ schreiben wir in Zukunft $\Phi_i^n(\cdots)$.

Wir kommen nun zum Nachweis eines Grundphänomens der Berechnungstheorie: Es gibt prinzipiell unentscheidbare Probleme.

Satz 5.3.2 (Unentscheidbarkeitssatz). Es gibt rekursiv aufzählbare nicht-rekursive Mengen.

Beweis: Als Hauptbeispiel betrachten wir die rekursionstheoretische Form des in der Vorbemerkung behandelten Phänomens. Sei H die Menge aller Paare $<x, y>$ mit $y \in dom\ \Phi_x^1$. H ist die Verschlüsselung des Halteproblems; wir sagen auch "H ist das Halteproblem".

(1) Annahme: H sei rekursiv, das heisst die folgende Funktion wird als rekursiv postuliert:

$$g(x,y) = \begin{cases} 1, & \text{falls } y \in dom\ \Phi_x^1 \\ 0 & \text{sonst} \end{cases}$$

Unter dieser Annahme ist die folgende Funktion ebenfalls rekursiv:

$$h(x) = \begin{cases} \Phi_x^1(x)+1, & \text{falls } x \in dom\ \Phi_x^1 \\ 0 & \text{sonst} \end{cases}$$

Demnach gibt es einen Index i für h, $h \simeq \Phi_i^1$, und es gilt

$$\Phi_i^1(i) = \begin{cases} \Phi_i^1(i)+1, & \text{falls } i \in dom\ \Phi_i^1 \\ 0 & \text{sonst} \end{cases}$$

Da h, also auch Φ_i^1 total ist, so ist widersprüchlicherweise $\Phi_i^1(i) = \Phi_i^1(i)+1$. Also ist H nicht rekursiv.

(2) H ist hingegen rekursiv aufzählbar, es ist ja H der Definitionsbereich der partiell-rekursiven Funktion $w(x,y)$, welche vom Universalprogramm ω berechnet wird.

□

Satz 5.3.3 (Normalformensatz). Sei $f : \mathbb{N}^m \to \mathbb{N}$ eine partiell-rekursive Funktion. Dann gibt es eine Zahl e derart, dass

$$f(a_1, \cdots, a_m) \simeq H_2((\mu j)[H_1(j, a_1, \cdots, a_m, e) = 0], a_1, \cdots, a_m, e)$$

wo H_1, H_2 zwei (unabhängig von f) explizit gegebene primitiv-rekursive Funktionen sind.

Beweis: Es berechne $\Pi(x_1, \cdots, x_n)$ mit $n \geq m$ an der Stelle x_1 die Funktion f. Sei $e = \overline{\Pi}$. Betrachte eine Schleife des Universalprogrammes ω, und sei $<v_1, y_1>$, $<v_2, y_2>$, $\cdots$ die Konfigurationsfolge für diese Berechnung an den Stellen v und y. Als Funktion geschrieben:

$$h_1(j, a_1, \cdots, a_m, \overline{\Pi}): \text{Wert von } v_j$$
$$h_2(j, a_1, \cdots, a_m, \overline{\Pi}): \text{Wert von } y_j$$

Über die Funktionen h_1 und h_2 ist bekannt: Die Anfangswerte entsprechen der Anfangskonfiguration

$$<v_1, y_1> = <instr(\overline{\Pi}, 1), \overline{<a_1, \cdots, a_m, 0, \cdots, 0>}>$$

Die folgende simultane rekursive Definition von h_1, h_2 entspricht der **while**-Schleife:

$$h_1(1, a_1, \cdots, a_m, \overline{\Pi}) \quad = \quad instr(\overline{\Pi}, 1)$$
$$h_2(1, a_1, \cdots, a_m, \overline{\Pi}) \quad = \quad \overline{<a_1, \cdots, a_m, 0, \cdots, 0>}$$
$$h_1(n+1, a_1, \cdots, a_m, \overline{\Pi}) \quad = \quad instr(\overline{\Pi}, next(h_1(n, a_1, \cdots, a_m, \overline{\Pi}),$$
$$h_2(n, a_1, \cdots, a_m, \overline{\Pi})))$$
$$h_2(n+1, a_1, \cdots, a_m, \overline{\Pi}) \quad = \quad simul(h_1(n, a_1, \cdots, a_m, \overline{\Pi}),$$
$$h_2(n, a_1, \cdots, a_m, \overline{\Pi}))$$

Es sind also h_1, h_2 primitiv-rekursiv. Die Anzahl der Terme in der Folge $<v_1, y_1>, \cdots$ ist:

$$(\mu j)[h_1(j, a_1, \cdots, a_m, \overline{\Pi}) \bmod 29 = 0]$$

Der Wert von y bei Termination ist:

$$h_2((\mu j)[h_1(j, a_1, \cdots, a_m, \overline{\Pi}) \bmod 29 = 0], a_1, \cdots, a_m, \overline{\Pi})$$

Der Output (bei x_1) ist:

$$e_2(h_2((\mu j)[h_1(j, a_1, \cdots, a_m, \overline{\Pi}) \bmod 29 = 0], a_1, \cdots, a_m, \overline{\Pi})) \equiv$$
$$H_2((\mu j)[H_1(j, a_1, \cdots, a_m, \overline{\Pi}) = 0], a_1, \cdots, a_m, \overline{\Pi})$$

$\square$

Bemerkung: Wir sind nun in der Lage, für Satz 1.4.5 den versprochenen Beweis nachzuliefern. Es sei nämlich $W = dom\, f$, $f: \mathbb{N} \to \mathbb{N}$ partiell-rekursiv, berechnet durch das Programm $\Pi(x)$ und es sei $W \neq \varnothing$, also etwa $k \in W$. Unter Benützung der (primitiv-rekursiven) Kodierung der Zahltupel (vgl. Abschnitt 1.2) definieren wir die Funktion $g: \mathbb{N} \to \mathbb{N}$ wie folgt:

$$g(x) = \begin{cases} k, & \text{falls } h_1(D_1^2(x), D_2^2(x), \overline{\Pi}) \bmod 29 \neq 0 \\ D_2^2(x), & \text{falls } h_1(D_1^2(x), D_2^2(x), \overline{\Pi}) \bmod 29 = 0 \text{ und} \\ & h_1(y, D_2^2(x), \overline{\Pi}) \bmod 29 \neq 0 \text{ für alle } y < D_1^2(x) \end{cases}$$

Offenbar ist g primitiv-rekursiv, da die in ihrer fallweisen Definition auftretenden Funktionen und Prädikate alle primitiv-rekursiv sind. Der Wertebereich von g besteht aus allen Argumenten für f für welche f definiert ist, und also Π hält.

□

Es sei gegeben $f(x_1, \cdots, x_m, x_{m+1}, \cdots, x_{m+n})$ partiell-rekursiv. Dann ist $f \simeq \Phi_i^{m+n}$ für ein gewisses i. Betrachten wir nun $x_1, \cdots, x_m$ als Parameter, dann ist offenbar auch jede Funktion $f_{x_1, \ldots, x_m}(x_{m+1}, \cdots, x_{m+n})$ eine partiell-rekursive Funktion und also $f_{x_1, \ldots, x_m} \simeq \Phi_j^n$ für ein j. Das Parametrisierungsproblem fragt: Was ist j? Die Antwort liefert

Satz 5.3.4 (S-m-n-Theorem). Für jedes $m, n \geq 1$ gibt es eine rekursive Funktion $s_n^m : \mathbb{N}^{m+1} \to \mathbb{N}$ derart, dass für alle i

$$\Phi_i^{m+n}(x_1, \cdots, x_{m+n}) \simeq \Phi_{s_n^m(i, x_1, \cdots, x_m)}^n(x_{m+1}, \cdots, x_{m+n})$$

Beweis: Seien $m, n \geq 1, i \in \mathbb{N}$ beliebig gegeben und seien $a_1, \cdots, a_m$ die Werte der Parameter $x_1, \cdots, x_m$. Wir betrachten das Programm

$$x_1 := a_1; \cdots; x_m := a_m; y := \overline{<x_1, \cdots, x_{m+n}>}; \omega(i, y, \cdots); x_1 := e_2(y);$$

Dieses berechnet $\Phi_i^{m+n}(a_1, \cdots, a_m, x_{m+1}, \cdots, x_{m+n})$ in x_1. Die Gödelnummer j dieses Programmes lässt sich aus $i, a_1, \cdots, a_m$ rekursiv berechnen; es ist also $j = s_n^m(i, a_1, \cdots, a_m)$ für eine rekursive Funktion s_n^m. Nach Definition von Φ_j^n berechnet das obige Programm die Funktion $\Phi_j^n(x_{m+1}, \cdots, x_{m+n})$, bei festgehaltenen Parametern $a_1, \cdots, a_m$. Es gilt deshalb allgemein

$$\Phi_i^{m+n}(x_1, \cdots, x_{m+n}) \simeq \Phi_{s_n^m(i, x_1, \cdots, x_m)}^n(x_{m+1}, \cdots, x_{m+n})$$

□

Der folgende Satz, das sogenannte Rekursionstheorem, gehört zu den wichtigsten Sätzen der Rekursionstheorie. Er handelt von Abbildungen des Raumes der partiell-rekursiven Funktionen in sich. Da wir diesen Raum durchnumeriert haben, sind solche Abbildungen als Funktionen $f: \mathbb{N} \to \mathbb{N}$ zu realisieren. Es zeigt sich, dass für partiell-rekursive f diese Abbildung einen Fixpunkt hat. Das Rekursionstheorem ist eine etwas verallgemeinerte Form dieser Aussage.

Satz 5.3.5 (Rekursionstheorem). Für jede partiell-rekursive Funktion $g: \mathbb{N}^{m+1} \to \mathbb{N}$ existiert $e \in \mathbb{N}$ mit

$$\Phi_e^m(x_1, \cdots, x_m) \simeq g(e, x_1, \cdots, x_m)$$

Beweis: Betrachte $g(s_m^1(v, v), x_1, \cdots, x_m)$. Als partiell-rekursive Funktion hat diese einen Index a, es ist $g(s_m^1(v, v), x_1, \cdots, x_m) \simeq \Phi_a^{m+1}(v, x_1, \cdots, x_m)$ für ein $a \in \mathbb{N}$. Unter Anwendung des S-m-n-Theorems gilt dann

$$\Phi_a^{m+1}(v, x_1, \cdots, x_m) \simeq \Phi_{s_m^m(a, v)}^m(x_1, \cdots, x_m)$$

Wenn wir also setzen $v := a$ und $e := s_m^1(a, a)$, so ergibt sich

$$g(e, x_1, \cdots, x_m) \simeq \Phi_e^m(x_1, \cdots, x_m)$$

$\square$

(Bemerke, dass Satz und Beweis eine Verschärfung zulassen: falls i Index von g ist, $g \simeq \Phi_i^{m+1}$, so kann e als rekursive Funktion von i dargestellt werden.)

Satz 5.3.6 (Fixpunktsatz der Rekursionstheorie). Für jede partiell-rekursive Funktion $f \colon \mathbb{N} \to \mathbb{N}$ gibt es eine Zahl $e \in \mathbb{N}$ mit $\Phi_{f(e)}^m(x_1, \cdots, x_m) \simeq \Phi_e^m(x_1, \cdots, x_m)$, das heisst die durch f bestimmte Abbildung partiell-rekursiver Funktionen in sich hat einen Fixpunkt.

Beweis: Der Fixpunktsatz folgt unmittelbar aus dem Rekursionstheorem: betrachte $g(z, x_1, \cdots, x_m) := \Phi_{f(z)}^m(x_1, \cdots, x_m)$. Nach dem Rekursionstheorem existiert ein $e \in \mathbb{N}$ mit

$$\Phi_e^m(x_1, \cdots, x^m) \simeq g(e, x_1, \cdots, x_m) = \Phi_{f(e)}^m(x_1, \cdots, x_m)$$

(Auch hier kann e rekursiv aus dem Index von f berechnet werden.)

$\square$

Selbstreproduzierende Maschinen: eine Anwendung des Rekursionstheorems

Betrachte $D \colon \mathbb{N} \to \mathbb{N}$ als Maschine, die zu gegebenem Code x einer Maschine diese Maschine selbst konstruiert: also z.B. Baupläne, Fertigungsprogramme und dergleichen erstellt: $D(x)$. Wir suchen m mit $\Phi_m^1(k) = D(m)$ für beliebiges k: "die Maschine Φ_m^1 reproduziert sich selbst".

Betrachte die partiell-rekursive Funktion $c(s, t)$ definiert durch

$$\Phi_{c(s,t)}^1(x) \simeq \Phi_s^1(\Phi_t^1(x))$$

und bestimme d mit $D(x) \simeq \Phi_d^1(x)$. Auf die partiell-rekursive Funktion $g_d(x, y) := c(d, x)$ wenden wir nun das Rekursionstheorem an: es gibt ein e mit

$$g_d(e, y) \simeq \Phi_e^1(y)$$

Mit diesem e kann $D(\Phi_e^1(y))$ auf zwei verschiedene Arten bestimmt werden. Einerseits ist

$$D(\Phi_e^1(y)) = D(g_d(e, y)) = D(c(d, e))$$

andererseits ist wegen der Definition von c

$$D(\Phi_e^1(y)) = \Phi_d^1(\Phi_e^1(y)) = \Phi_{c(d,e)}^1(y)$$

Mit $m := c(d, e)$ haben wir die Nummer einer selbstreproduzierenden Maschine gefunden.

Übungsaufgaben zum Kapitel 5

5-1. Man verifiziere, dass in GOTO genau die partiell-rekursiven Funktionen programmierbar sind.

5-2. Die partiell-rekursive Funktion $steps(\overline{\Pi}, \overline{a})$ gebe an, wieviele Schritte das GOTO-Programm Π bei Eingabe $a = <a_1, \cdots, a_m>$ bis zur Termination benötigt. Man zeige anhand von *steps*, dass sich nicht jede partiell-rekursive Funktion zu einer rekursiven Funktion erweitern lässt.

5-3. Man zeige, dass folgende Prädikate unentscheidbar sind:

a) Φ_m^1 ist konstant

b) $\Phi_m^1 \simeq \Phi_n^1$

c) $|ran(\Phi_m^1)| = \infty$

d) $dom(\Phi_m^1) = \mathbb{N}$

[Hinweis: Jedes dieser Prädikate ermöglichte die Lösung des Halteproblems.]

5-4. Man zeige, dass $T = \{i \in \mathbb{N} \mid dom(\Phi_i^1) = \mathbb{N}\}$ *nicht rekursiv aufzählbar ist.*

6 Unlösbare Probleme der Informatik

Vorbemerkung: Die Church'sche These:

In den bisherigen Ausführungen kam implizit die Grundhaltung zum Ausdruck, dass die Klasse der partiell-rekursiven Funktionen auf $\mathbb{N}$ nicht nur eine mathematisch reizvolle Klasse von Objekten darstellt, sondern überhaupt den Begriff des programmierten Rechnens erst zu einem theoretischen Gegenstand macht. Was nun das Rechnen auf natürlichen Zahlen betrifft, so hat sich schon in den frühen dreissiger Jahren aus verschiedenen Erfahrungen die Ansicht herausgebildet, dass die Klasse der partiell-rekursiven Funktionen nicht nur beispielhaft sondern exakt die Klasse der in irgendeinem vernünftigen Sinn ''im Prinzip'' ausrechenbaren Funktionen darstelle. Diese Ansicht ist bekannt unter dem Namen

Church'sche These. Eine Funktion $f: \mathbb{N}^m \to \mathbb{N}$ ist genau dann berechenbar in irgendeinem natürlichen Sinn, wenn sie partiell-rekursiv ist. Eine Relation $R \subseteq \mathbb{N}^n$ ist genau dann effektiv entscheidbar in irgend einem natürlichen Sinn, wenn sie rekursiv ist.

Offensichtlich kann diese These nicht ein Satz der Mathematik sein. Sie enthält und präzisiert ja gerade die unmathematische Qualifikation ''berechenbar in irgendeinem natürlichen Sinn''. Hingegen ist sie durch Erfahrungen stützbar, Erfahrungen nämlich der Art, dass man redlich versucht andere, möglichst einleuchtende oder mathematisch tiefgründige Berechenbarkeitsbegriffe zu erschaffen oder zu entdecken und dabei immer wieder zum Resultat gelangt, dass die geschaffene Klasse der so ''berechenbaren'' Funktionen eben gerade wieder mit den partiell-rekursiven Funktionen zusammenfällt.

Von solchen Erfahrungen soll dem Leser in den nächsten Abschnitten eine Auswahl vorgeführt werden, das heisst wir werden eine Folge von Programmiersprachen/Maschinenmodellen beschreiben, die alle in irgendeiner besonderen Weise den Berechenbarkeitsbegriff zu realisieren trachten. Unter diesen befindet sich auch das von Turing eingeführte Maschinenmodell, welches immer noch die konzeptionell überzeugendste Realisation des regelrechten Rechnens darstellt. Alle hier eingeführten Maschinenmodelle, respektive Programmiersprachen, lassen sich gegenseitig simulieren.

Die hier darzustellenden Maschinenmodelle werden unter einem ganz speziellen Aspekt eingeführt: Wir suchen möglichst einfach strukturierte Universalmaschinen. Auf solchen ist das Halteproblem nicht lösbar, aber, dank deren einfachen Struktur, näher an einer kombinatorischen Fragestellung, ein Effekt, den wir dann zum Nachweis der Nicht-Lösbarkeit von gewissen rein kombinatorischen Problemen ausnützen.

Wir beginnen mit der Bemerkung, dass der Instruktionssatz der Sprache GOTO noch redundant ist.

$GOTO$:   *reduziertes GOTO*:

$x_i := S(x_i)$ **goto** k; $x_i := S(x_i)$ **goto** k;
$x_i := P(x_i)$ **goto** k; $x_i := P(x_i)$ **goto** k;
$x_i := 0$ **goto** k;
$x_i := x_j$ **goto** k;
if $x_i = 0$ **then goto** j **else goto** k;   **if** $x_i = 0$ **then goto** j **else goto** k;
halt   **halt**

Die Instruktion $x_i := 0$ **goto** k lässt sich simulieren mit

$$1:\ \textbf{if}\ x_i = 0\ \textbf{then goto}\ k\ \textbf{else goto}\ 2;$$
$$2:\ x_i := P(x_i)\ \textbf{goto}\ 1;$$

Die Instruktion $x_i := x_j$ **goto** m lässt sich mit einer neuen Variablen x_l unter Verwendung der Simulation von $x_i := 0$ **goto** k simulieren durch

$$1:\ ``x_i := 0\ \textbf{goto}\ 2";$$
$$2:\ x_l := x_j\ \textbf{goto}\ 3;$$
$$3:\ \textbf{if}\ x_l = 0\ \textbf{then goto}\ m\ \textbf{else goto}\ 4;$$
$$4:\ x_i := S(x_i)\ \textbf{goto}\ 5;$$
$$5:\ x_l := P(x_l)\ \textbf{goto}\ 3;$$

6.1 Tag-Maschinen und unlösbare kombinatorische Probleme

Bei *Tag-Maschinen* stellt man sich vorzugsweise eine Maschine vor, die eine einzige Speicherzelle x hat, die mit einem Wort $x \in \{0, 1\}^*$ besetzt ist. Programme für diese Maschine sind in einer GOTO-Sprache geschrieben, deren Instruktionssatz die unten angegebene Bedeutung hat:

Instruktion: *Bedeutung:*

$x := x0$ **goto** i;   am Wort x im Speicher wird eine 0 angehängt

$x := x1$ **goto** i;   am Wort x im Speicher wird eine 1 angehängt

case 0 **goto** i **case** 1 **goto** j **case** λ **goto** k;   falls das Wort x mit 0 beginnt, wird diese 0 gestrichen und zu i gesprungen, im Falle 1 wird ebenfalls gestrichen und zu j gesprungen; ist der Speicher leer ($=\lambda$), so springt die Kontrolle zu k

halt   Halt-Instruktion

Lemma 6.1.1. Mit Tag-Maschinen kann man alle partiell-rekursiven Funktionen berechnen.

Beweis: Es genügt, jedes reduzierte GOTO-Programm zu simulieren. Hat dieses Programm Π die Variablen $x_1, \cdots, x_n$, so ist der jeweilige Speicherzustand bei der Abarbeitung von Π ein n-Tupel $\langle a_1, \cdots, a_n \rangle$ von natürlichen Zahlen. Ein solches wird im Speicher der Tag-Maschine nachgebildet als Wort

$$\overline{a}_1 \, 0 \, \overline{a}_2 \, 0 \cdots 0 \, \overline{a}_n$$

wo jedes $\overline{a}_i$ aus genau $a_i + 1$ Einsen besteht. Es muss nun jede Grundinstruktion von GOTO als Operation auf diesem Speichercode nachvollzogen werden, und dies durch ein Programm für Tag-Maschinen. Dies ist durchaus nicht schwierig, wenn das folgende Hilfsprogramm "$x := p(x)$" zur Verfügung steht:

1: $x := x0$ **goto** 2;
2: **case** 0 **goto** 4 **case** 1 **goto** 3 **case** λ **goto** 4;
3: $x := x1$ **goto** 2;
4: (*continue*)

Dieses Programmstück permutiert das Wort in x zyklisch in der Weise, dass der erste Block von Einsen nach zuhinterst kommt. Die k-fache Iteration von $x := p(x)$ bringt den $(k+1)$-ten Block von Einsen nach vorn; wir schreiben dafür $x := p^k(x)$. Nun gelingt schon die Simulation von $x_i := P(x_i)$:

1: $x := p^{i-1}(x)$ **goto** 2;
2: **case** 0 **goto** 8 **case** 1 **goto** 3 **case** λ **goto** 8;
3: **case** 0 **goto** 4 **case** 1 **goto** 5 **case** λ **goto** 6;
4: $x := x0$ **goto** 6;
5: $x := p(x)$ **goto** 6;
6: $x := x1$ **goto** 7;
7: $x := p^{n-i}(x)$ **goto** 8;
8: (*continue*)

Die Simulation von $x_i := S(x_i)$ und **if** $x_i = 0$ **then** $\cdots$ geschieht in entsprechender Weise. $\square$

Aus dem Beweis für Lemma 6.1.1 folgt sofort die Unlösbarkeit des entsprechenden Halteproblems:

Lemma 6.1.2. Das Problem, ob ein gegebenes Tag-Programm hält, ist für leere Eingabe unentscheidbar.

Beweis: Nehme an, es wäre entscheidbar, und es sei $\Pi(x_1, \cdots, x_n)$ ein beliebiges GOTO-Programm mit Eingabe $\langle a_1, \cdots, a_n \rangle$. Wir konstruieren das ihm entsprechende Tag-Programm, das wir zudem initialisieren mit

1: $x := x\overline{a}_1$ **goto** 2;

2: $x := x0$ **goto** 3;
$\vdots$

$2n-1$: $x := x\overline{a}_n$ **goto** $2n$;

$2n$: (*continue*, im simulierten Π)

Die Pseudoinstruktion $x := x\overline{a}_i$ ist leicht aufzuschlüsseln. Das eben skizzierte Tag-Programm Π' hält auf leerer Eingabe genau dann, wenn Π auf $<a_1, \cdots, a_n>$ hält. Wäre also das Tag-Halteproblem entscheidbar, so auch, ganz allgemein das GOTO-Halteproblem, dies im Widerspruch zu unserem früheren Resultat.

$\square$

Nun kann man auch noch die Ausgabe des Tag-Programms zu λ normieren und erhält

Satz 6.1.3. Das Problem, ob ein gegebenes Tag-Programm auf leerer Eingabe mit leerer Ausgabe hält, ist unentscheidbar.

Beweis: Dies ist eine direkte Folge von Lemma 6.1.2; man kann jedes Tag-Programm durch die Routine

$$1: \textbf{case } 0 \textbf{ goto } 1 \textbf{ case } 1 \textbf{ goto } 1 \textbf{ case } \lambda \textbf{ goto } 2;$$
$$2: \textbf{halt}$$

abschliessen. Das erhaltene Programm hält genau dann, wenn das ursprüngliche Programm hält, aber es hält mit leerer Ausgabe.

$\square$

Wir sind nun in der Lage, ein rein kombinatorisches Problem als rekursiv unlösbar zu erkennen, nämlich das *Post'sche Korrespondenzproblem:*

Gegeben: Ein endliches Alphabet $A = \{a_1, a_2, \cdots, a_n\}$, $n \geq 1$, und endlich viele Paare $<x_i, y_i>$ $(i = 1, 2, \cdots, m)$ von Wörtern über A.

Gesucht: Ein Wort z, welches zerlegt werden kann auf zwei Arten, nämlich als Wortzusammensetzung in den x_i und als Wortzusammensetzung in den y_i, und zwar in derselben Reihenfolge.

$$z = x_{i_1} \cdot x_{i_2} \cdot \cdots \cdot x_{i_k} = y_{i_1} \cdot y_{i_2} \cdot \cdots \cdot y_{i_k}$$

Beispiel:

i	x_i	y_i
1	bab	a
2	ab	abb
3	a	ba

Lösung:

$$a\ b\ b\ a\ b\ a\ =\ x_2\ x_1\ x_3\ =\ y_2\ y_1\ y_3$$

Wir werden zeigen (Satz 6.1.5): Das Korrespondenzproblem ist für Alphabete mit mindestens zwei Elementen rekursiv unlösbar.

Der Beweis ist für viele Beispiele dieser Art typisch in seiner Verwendung der Rückführung auf das Halteproblem. Wir zeigen nämlich:

Lemma 6.1.4. Zu jedem Tag-Programm Π gibt es ein Post'sches Korrespondenzproblem $PCP(\Pi)$, welches eine Lösung hat genau dann, wenn Π auf leerer Eingabe mit leerer Ausgabe hält.

Beweisidee: Wir kodieren die Berechnungsfolge von Π in der Weise, dass sie im günstigen Fall (das heisst bei Abbruch) genau die Lösung des $PCP(\Pi)$ darstellt.

Durch einfache Transformation können wir erreichen, dass Π wie unten angegeben beginnt und nur die angegebene **halt**-Instruktion besitzt, und dass **case** λ, und nur diese, stets zu **halt** führt.

$$2:\quad x:=x0 \ \text{goto}\ 3\,;$$
$$\vdots$$
$$m:\quad \text{halt}$$

Das entsprechende Post'sche Korrespondenzproblem $PCP(\Pi)$ wird gestellt über dem Alphabet $A = \{0, 1, 2, \cdots, m, e\}$. Es arbeitet mit Konfigurationsdarstellungen, die zu einer Darstellung einer Berechnungsfolge verschmolzen werden.

- Konfigurationsdarstellung von $x = 0100$, Instruktionsnummer $i \geq 2$:

$$e\,0\,e\,1\,e\,0\,e\,0\,e\,i$$

- Berechnungsfolge: $k_1 k_2 \cdots k_l$
- Startkonfiguration: $k_1 = e\,2$ (leere Eingabe)
- Endkonfiguration: $k_l = e\,m$ (leere Ausgabe)

Aus technischen Gründen wird diese Folge noch dadurch modifiziert, dass Auslassungen (wegen der **case**-Instruktion) erst in der nächsten Konfiguration berücksichtigt sind.

Beispiel:

$$\cdots$$
$$i:\quad \text{case } 0 \text{ goto } j \text{ case } 1 \text{ goto } k \text{ case } \lambda \text{ goto } m\,;$$
$$j:\quad x:=x1 \text{ goto } p\,;$$
$$p:\quad x:=x0 \text{ goto } q\,;$$
$$\cdots$$

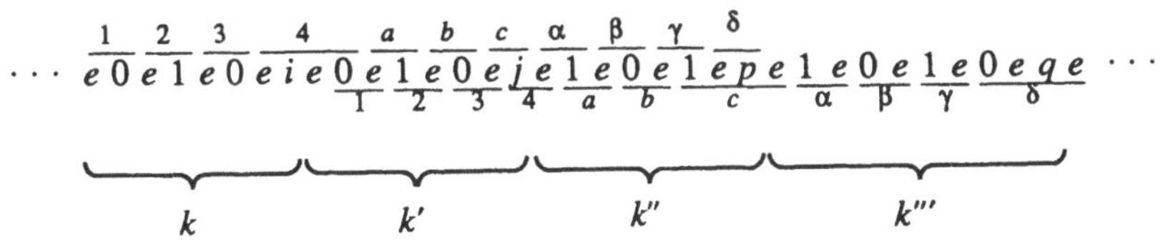

$$\cdots\, \overset{1}{e0}\,\overset{2}{e1}\,\overset{3}{e0}\,\overset{4}{ei}\,\overset{a}{e0}\,\overset{b}{\underset{1}{e1}}\,\overset{c}{\underset{2}{e0}}\,\overset{\alpha}{\underset{3}{ej}}\,\overset{\beta}{\underset{4}{e1}}\,\overset{\gamma}{\underset{a}{e0}}\,\overset{\delta}{\underset{b}{e1}}\,\underset{c}{ep}\,\underset{\alpha}{e1}\,\underset{\beta}{e0}\,\underset{\gamma}{e1}\,\underset{\delta}{e0}\,eq\,e \,\cdots$$

$$\underbrace{e0\,e1\,e0\,ei}_{k}\ \underbrace{e0\,e1\,e0\,ej}_{k'}\ \underbrace{e1\,e0\,e1\,ep}_{k''}\ \underbrace{e1\,e0\,e1\,e0\,eq}_{k'''}$$

Wir haben hier gerade noch angedeutet, wie die Vorwärtsbeziehung im Berechnungscode sich als Post'sche Korrespondenz von Teilwörtern realisieren wird. Insbesondere haben wir die Übertragung von Speichercode von einer Konfiguration zur nächsten realisiert durch die Post'sche Korrespondenz

$$< e\,0\,,\,0\,e\,>$$
$$< e\,1\,,\,1\,e\,>$$

Anfang und Ende einer Berechnungsfolge sieht im Code stets so aus:

$$\underset{1}{\underline{e\,2\,e\,0\,e\,3\,e}} \;\cdots\; \underset{2}{\underline{e\,i\,e\,m}}$$

Das gibt folgenden Beitrag zur Korrespondenz (für den Anfang)

$$< e\,2\,,\,e\,2\,e\,0\,e\,3\,e\,>$$

Die einzelnen Instruktionen geben Anlass zu weiteren Korrespondenzen:

i: $x := x0$ **goto** j;

$$< e\,i\,,\,0\,e\,j\,e\,>$$

$$\textit{Beispiel: } \overset{1}{e}\,\overset{2}{0\,e\,i} \;\cdots\; \underset{1}{\underline{0\,e}}\,\underset{2}{\underline{0\,e\,j\,e}}$$

i: $x := x1$ **goto** j;

$$< e\,i\,,\,1\,e\,j\,e\,>$$

$$\textit{Beispiel: } \overset{1}{e}\,\overset{2}{0\,e\,i} \;\cdots\; \underset{1}{\underline{0\,e}}\,\underset{2}{\underline{1\,e\,j\,e}}$$

i: **case** 0 **goto** j **case** 1 **goto** k **case** λ **goto** m;

$$< e\,i\,e\,0\,,\,j\,e\,>$$
$$< e\,i\,e\,1\,,\,k\,e\,>$$
$$< e\,i\,e\,m\,,m\,>$$

$$\textit{Beispiel: } \text{siehe oben}$$

Wir haben nun alles so eingerichtet, dass gilt:

a)   Falls Π auf leerer Eingabe mit leerer Ausgabe hält, so hat $PCP(\Pi)$ eine Lösung, nämlich die Berechnungsfolge.

b)   Es habe $PCP(\Pi)$ eine Lösung w. Dann ist die Lösung eine Berechnungsfolge von Π mit Ein- und Ausgabe λ; denn:

1) w beginnt mit $e\,2\,e\,0\,e\,3\,e$. Klar.

2) w endet mit $e\,p\,e\,m$ für ein p. Klar.

3) w kodiert eine Berechnungsfolge: Jedes Anfangsstück von w bis zu einem $e\,p$ ($p \geq 2$) ist eine Berechnungsfolge, und die Zuordnung ist gemacht wie in den obigen Beispielen. Dann geht es so weiter.

□

Es folgt der

Satz 6.1.5. Für $|A|{\geq}2$ gibt es kein rekursives Lösungsverfahren für Post'sche Korrespondenzprobleme über dem Alphabet A.

Beweis: Wir haben nur noch zu zeigen, dass jedes $PCP(\Pi)$ auch als Post'sches Korrespondenzproblem über einem Alphabet mit zwei Zeichen, 0 und 1, gestellt werden kann. Dazu brauchen wir lediglich jedes Zeichen a_i von A durch i Einsen zu kodieren und die Worte dementsprechend als

$$a_{i_1} \cdots a_{i_k} \mapsto \underbrace{11 \cdots 10}_{i_1}\underbrace{11 \cdots 10}_{i_2} \cdots \underbrace{011 \cdots 1}_{i_k}$$

Das entsprechende Korrespondenzproblem besteht dann aus Paaren der kodierten Korrespondenzwörter des gegebenen Problems.

$\square$

Eine der schönsten Anwendungen des Post'schen Korrespondenzproblems ist der folgende

Satz 6.1.6 (Unlösbarkeit der eindeutigen Lesbarkeit). Es gibt kein rekursives Verfahren, welches zu einer beliebig vorgelegten kontextfreien Grammatik entscheidet, ob sie eindeutig lesbar ist.

Beweis: Der Beweis ist wiederum ein Beispiel für die Rückführungsmethode: Falls das eindeutige Lesbarkeitsproblem entscheidbar wäre, so auch PCP; wir können nämlich zu jedem PCP-Problem

$$<x_1,y_1>, \cdots, <x_n,y_n>, \quad x_i,y_i \in \{a,b\}^*$$

eine kontextfreie Grammatik konstruieren, deren eindeutige Lesbarkeit mit der Lösbarkeit des gegebenen PCP-Problems äquivalent ist. Die zu konstruierende Grammatik hat $0,1$ als Terminalsymbole und S, X, Y als Nichtterminalsymbole. Die Produktionsregeln ergeben sich aus der folgenden Verschlüsselung des PCP.

Jedem $w \in \{a,b\}^*$ wird $\overline{w} \in \{0,1\}^*$ wie folgt rekursiv zugeordnet:

$$\overline{\varepsilon} = \varepsilon \text{ für das leere Wort } \varepsilon$$
$$\overline{wa} = \overline{w}01$$
$$\overline{wb} = \overline{w}011$$

Demzufolge ist etwa $\overline{abb} = 01011011$. Ausserdem kodieren wir jede natürliche Zahl k durch das Wort $\overline{k}$, bestehend aus $k+1$ Einsen. Die gesuchte Grammatik G hat die folgenden Produktionen:

$$S \to X$$
$$S \to Y$$
$$X \to 0\overline{k}00\overline{x_k} \mid 0\overline{k}X\overline{x_k}, \quad k = 1, \cdots, n$$
$$Y \to 0\overline{k}00\overline{y_k} \mid 0\overline{k}Y\overline{y_k}, \quad k = 1, \cdots, n$$

Sei L_X die mit Startsymbol X, L_Y die mit Startsymbol Y und den obigen Produktionen generierte Sprache. Offenbar ist G genau dann nicht eindeutig lesbar, wenn $L_X \cap L_Y \neq \varnothing$; dann nämlich ist ein $w \in L_X \cap L_Y$ auf zwei wesentlich verschiedene Weisen, eben via X oder via Y, erzeugbar. Für jedes $w \in L_X \cap L_Y$ gibt es Zahlen $k_1, \cdots, k_m$ so, dass

$$0\overline{k_1}0\overline{k_2}0 \cdots 0\overline{k_m}00\overline{x_{k_m}x_{k_{m-1}}} \cdots \overline{x_{k_1}} = 0\overline{k_1}0\overline{k_2}0 \cdots 0\overline{k_m}00\overline{y_{k_m}y_{k_{m-1}}} \cdots \overline{y_{k_1}}$$

Jedes solche w stellt also eine Verschlüsselung einer Lösung des gegebenen *PCP*-Problems dar. Es ist also *PCP* genau dann lösbar, wenn G nicht eindeutig lesbar ist. Die Rückführung ist gelungen.

$\square$

6.2 Turing-Maschinen, Kellerautomaten und der Schluss des Zirkels

Turing-Maschinen denkt man sich gegeben durch eine endliche explizite Vorschrift, nach welcher eine endliche Zeichenfolge modifiziert werden soll. Dabei ist die Modifikation stets lokal vorzunehmen, das heisst in jedem Augenblick der Berechnung liegt fest, an welcher Stelle der Zeichenfolge gearbeitet wird, und der einzelne Berechnungsschritt besteht darin, dass entweder das an dieser Stelle stehende Zeichen geändert wird oder dass die bearbeitete Stelle um eins nach rechts oder links verschoben wird. - Formal lässt sich also eine Turing-Maschine darstellen durch folgende Festsetzungen:

Alphabet:

$A = \{a_0, \cdots, a_n\}$, der Zeichenvorrat der Turing-Maschine, wobei a_0 das leere Zeichen bedeute, für das wir "*blank*" schreiben.

Bandinschrift:

$B: \mathbb{Z} \to A$ eine Zuordnung, die jeder Stelle des beidseitig unendlichen Bandes ein Zeichen zuordnet. Dabei wird festgesetzt, dass $B(k) = a_0$ für alle bis auf endlich viele $k \in \mathbb{Z}$.

Kopfposition:

$k \in \mathbb{Z}$

Zustände:

Q, eine endliche Menge von Maschinenzuständen. $Q = \{q_0, \cdots, q_m\}$. Darunter sind ausgezeichnet q_0, der Anfangszustand, $H \subseteq Q$, die Menge der Haltezustände.

Turing-Tabelle:

Das "Programm" einer Turing-Maschine wird gegeben durch eine Tabelle wie folgt:

falls die Maschine im Zustand	das unter dem Kopf gelesene Zeichen	so ist die Aktion	und der neue Zustand
$\vdots$	$\vdots$	$\vdots$	$\vdots$
q	a_i	$\left\{\begin{array}{c} a_j \\ r \\ l \end{array}\right\}$	q'
$\vdots$	$\vdots$	$\vdots$	$\vdots$

Es ist dabei die Aktion ''a_j'' das Überschreiben des unter dem Kopf befindlichen Zeichens durch a_j, die Aktionen r und l das Verschieben des Kopfes um eine Position nach rechts oder links.

Jede endliche Turing-Tabelle bestimmt eine Turing-Maschine. Diese heisst *deterministisch*, falls sie für jedes $q \in Q$ und $a_i \in A$ höchstens eine Zeile besitzt, die mit q und a_i beginnt; sonst heisst sie *nichtdeterministisch*. Diese Wortwahl liegt aus der ebenfalls naheliegenden Bestimmung des Berechnungsbegriffes nahe: Die Berechnung einer Turing-Maschine besteht aus einer Folge von Konfigurationen: Jede Konfiguration besteht aus einer Bandinschrift B, einer Kopfposition k und einem Maschinenzustand q. Aus der Turing-Tabelle wird die Aktion bestimmt (falls sie existiert und eindeutig ist, sonst wird angehalten beziehungsweise nichtdeterministisch gewählt), welche einem Zeilenanfang $q, B(k)$ entspricht. Diese Aktion wird ausgeführt, und die Maschine geht in den entsprechenden neuen Zustand. Ist dieser in H, so hält die Maschine an, sonst wird das beschriebene Verfahren wiederholt. Im Falle des Anhaltens ist die dannzumal bestehende Bandinschrift das Ergebnis der Berechnung, sonst hat die Berechnung kein Ergebnis. Die Anfangskonfiguration besteht aus den ''Eingabedaten'', also einer gegebenen Bandinschrift, bei der der Kopf ''zuäusserst links'' steht, das heisst auf dem ersten von a_0 verschiedenen Zeichen, und der Zustand q_0 ist. Diese informelle Beschreibung der operationellen Semantik von Turing-Tabellen ist leicht formaler zu gestalten, was wir uns aber schenken wollen.

Satz 6.2.1. Auf Turing-Maschinen kann jede partiell-rekursive Funktion berechnet werden.

Beweis: Es genügt, jede Tag-Maschine durch eine Turing-Maschine zu simulieren. Dazu denken wir uns den Inhalt des Speichers x der Tag-Maschine auf ein Band geschrieben. Zu Anfang jedes simulierten Rechenschrittes der Tag-Maschine steht der Lesekopf der Turing-Maschine auf dem linksäussersten Symbol. Von dieser Situation geht die Simulation der einzelnen Tag-Instruktionen durch Turing-Programme wie folgt vor sich:

$x := x0$ **goto** j:

q_1	0		r	q_1
q_1	1		r	q_1
q_1	*blank*		0	q_2
q_2	0		l	q_2
q_2	1		l	q_2
q_2	*blank*		r	$q_3 \triangleq$ goto j

$x := x1$ **goto** j:

desgleichen

case 0 **goto** j **case** 1 **goto** k **case** λ **goto** m:

q_1	0		*blank*	q_2
q_2	*blank*		r	$q_3 \triangleq$ goto j
q_1	1		*blank*	q_4
q_4	*blank*		r	$q_5 \triangleq$ goto k
q_1	*blank*		*blank*	$q_6 \triangleq$ goto m

Die Haltezustände der einzelnen Simulationsprogramme für die Tag-Instruktionen werden gemäss dem Tag-Programm zu einem einzigen Turing-Programm verschmolzen (unter Umbenennung der Zustände!); dieses simuliert als Ganzes das Tag-Programm.

$\square$

Kellerautomaten arbeiten, ähnlich wie Tag-Maschinen (und Turing-Maschinen) auf Wörtern über einem gegebenen endlichen Alphabet $A = \{a_1, \cdots, a_n\}$. Der Speicher eines Kellerautomaten enthält ein Wort x, mit welchem die Instruktionen folgende Operationen ausführen können:

$x := ax$ **goto** i:
  dem Wort x wird *vorne* $a \in A$ angehängt .

if x **case** a_1 **goto** i_1 **case** a_2 **goto** i_2 $\cdots$ **case** a_n **goto** i_n **case** λ **goto** m:
  bedingter Sprungbefehl; ausserdem wird, wie bei Tag, das *erste* Zeichen von x abgehängt.

Ein *k-Kellerautomat* ist ein Programm in den obigen Instruktionen, wobei als Variablen $x_1, \cdots, x_k$ zugelassen sind; man kann sich ihn als Maschine mit k Kellerspeichern vorstellen.

Satz 6.2.2. Auf 2-Kellerautomaten kann man jede Turing-Maschine simulieren.

Beweis: Man simuliere Turing-Maschinen so, dass das links von der Kopfposition stehende Wort seitenverkehrt im einen, das rechts von der Kopfposition einschliesslich der Kopfposition im anderen Kellerspeicher steht. Dann ist klar, wie die einzelnen Turing-Instruktionen durch Kellerprogramme nachvollzogen werden können.

$\square$

Satz 6.2.3. Jeder k-Kellerautomat kann durch ein GOTO-Programm auf den natürlichen Zahlen simuliert werden.

Beweis: Der Inhalt eines Kellerspeichers x_i sei $w = a_{i_1} a_{i_2} \cdots a_{i_k}$. Wir verschlüsseln diesen Inhalt als Zahl $2^{i_1} \cdot 3^{i_2} \cdot \ \cdots \ \cdot p_k^{i_k}$ und verstehen diese Zahl als Inhalt eines Speichers x_i für ein GOTO-Programm. Es ist sofort einzusehen, dass, und wie, der Instruktionssatz der Kellerautomaten in dieser Verschlüsselung in simulierende WHILE-Unterprogramme umgesetzt werden kann.

$\square$

Insgesamt haben wir folgendes Bild von Simulationen:

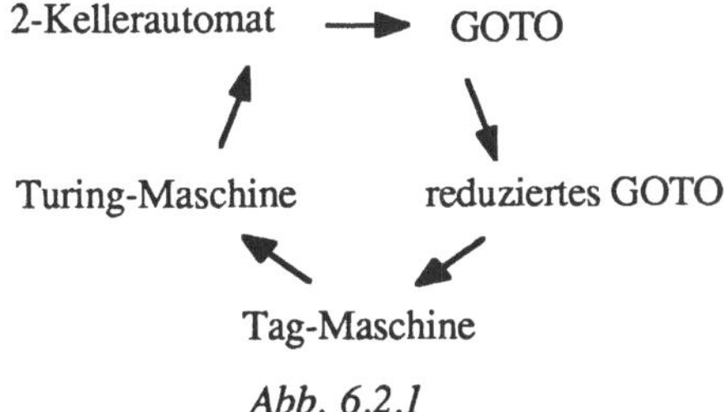

Abb. 6.2.1

Der oben diagrammatisch geschilderte Sachverhalt beinhaltet zwei voneinander zu unterscheidende informatische Konzepte, nämlich

- den Berechenbarkeitsbegriff auf einer Struktur verschieden von $\mathbb{N}$

- den Begriff der Simulation

Für den verallgemeinerten Berechenbarkeitsbegriff betrachten wir vorerst einmal den vertrauten Datentyp A^*, wo A ein beliebiges endliches Alphabet ist. Durch Kodierung steht für A^* sofort ein Berechenbarkeitsbegriff zur Verfügung:

Eine *Numerierung* f von A^* ist eine eineindeutige Abbildung von A^* in $\mathbb{N}$. In Bezug auf die Numerierung f heisst eine Funktion $g: A^* \to A^*$ *berechenbar*, falls es eine partiell-rekursive Funktion $h: \mathbb{N} \to \mathbb{N}$ so gibt, dass für alle $w \in A^*$ gilt:

$$g(w) = f^{-1}(h(f(w)))$$

Dieser Sachverhalt ist durch folgendes (kommutatives) Diagramm angedeutet:

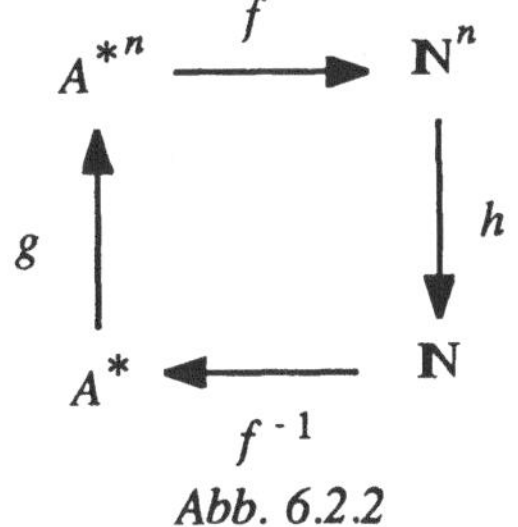

Abb. 6.2.2

Die Verallgemeinerung des Berechenbarkeitsbegriffes von einstelligen g auf n-stellige $g: A^{*n} \to A^*$ liegt auf der Hand.

Nun sind im obigen Simulationsdiagramm eine ganze Anzahl von Maschinenmodellen bzw. Programmiersprachen eingesetzt (z.B. WHILE, Tag, etc.), wo zu jeder einzelnen der Begriff einer auf ihm (bzw. mit ihr) *programmierbaren Funktion* (auf N bzw. auf A^*) definiert ist. Das Simulationsdiagramm veranschaulicht unseren Beweis für den folgenden

Satz 6.2.4. Die auf den angegebenen Maschinenmodellen (bzw. Programmiersprachen) programmierbaren Funktionen sind genau die auf N (bzw. A^*) berechenbaren Funktionen.

$\square$

Wir haben im Vorhergehenden die Unlösbarkeit von Problemen stets auf das Halteproblem zurückgeführt, wobei wir dieses für geeignete Maschinenmodelle formuliert haben. Es gibt nun aber einen Satz, nach welchem das Halteproblem sich als eines von vielen Problemen herausstellt, die rekursiv unlösbar sind, ein Satz, der es den Problemstellungen relativ leicht ansehen lässt, ob für sie die Voraussetzungen des Satzes zutreffen oder nicht.

Satz 6.2.5 (Satz von Rice). Es sei F eine Menge von einstelligen partiell-rekursiven Funktionen. Sei $\overline{F}$ die Menge der Gödelnummern aller Programme, die Funktionen aus F berechnen. Falls $F \neq \varnothing$ und nicht alle einstelligen partiell-rekursiven Funktionen umfasst, so ist $\overline{F}$ nicht rekursiv.

Beweis: Nach Voraussetzung gibt es partiell-rekursive Funktionen $\Phi^1_{m_1}$ und $\Phi^1_{m_2}$ so, dass $m_1 \in \overline{F}$ und $m_2 \notin \overline{F}$. Wäre nun $\overline{F}$ rekursiv, so gäbe es eine rekursive Funktion h mit

$$h(x) = \begin{cases} m_1 & \text{falls } x \notin \overline{F} \\ m_2 & \text{falls } x \in \overline{F} \end{cases}$$

Nach dem Fixpunktsatz der Rekursionstheorie (Satz 5.3.6) gibt es eine Zahl e mit $\Phi^1_e \simeq \Phi^1_{h(e)}$. Für dieses e gilt $e \in \overline{F}$ gdw. (genau dann, wenn) $\Phi^1_e \in F$ gdw. $\Phi^1_{h(e)} \in F$ da ja eben $\Phi^1_{h(e)} \simeq \Phi^1_e \in F$. Also ist $e \in \overline{F}$ gdw. $h(e) \in \overline{F}$. Nach der Definition ist aber $h(e) \in \overline{F}$ gdw. $e \notin \overline{F}$, und wir haben schliesslich den Widerspruch $e \in \overline{F}$ gdw. $e \notin \overline{F}$.

$\square$

Übungsaufgaben zum Kapitel 6

6-1. Man finde eine Lösung des Post'schen Korrespondenzproblems:

i	x_i	y_i
1	b	bbb
2	ba	a
3	$babbb$	ba

6-2. Man finde einen Algorithmus zur Lösung von Post'schen Korrespondenzproblemen mit einelementigem Alphabet.

6-3. Man zeige: Für kontextfreie Sprachen ist $L_1 = L_2$ unentscheidbar.

[Hinweis: Betrachte L_X, L_Y aus dem Beweis von Satz 6.1.6. Wegen $\{0,1\}^* = (\{0,1\}^* - L_X) \cup (\{0,1\}^* - L_Y) \iff L_X \cap L_Y = \emptyset$ genügt es, zu zeigen, dass $\{0,1\}^* - L_X$ und $\{0,1\}^* - L_Y$ kontextfrei sind.]

7 Rekursive Prozeduren

Vorbemerkung: Programmieren in reflexiven Bereichen

Für Programmiersprachen ist die Einfachheit der Kontrollstrukturen wie Zeilennummern plus **goto**, die **while-**, **repeat-** und **loop**-Konstruktion von nicht zu unterschätzender Bedeutung. Diese wirken sich aus in der Übersichtlichkeit der Programme und in der Konzisheit welche sie für die Theorie, insbesondere die Semantik ermöglichen. Nachdem wir eben nachgeweisen haben, dass diese wenigen Kontrollstrukturen gemäss der Church'schen These auch sämtliche berechenbaren Funktionen zu programmieren gestatten, so wäre eigentlich ''die Arbeit geleistet''.

Andererseits gibt es in den meisten ''höheren'' Programmiersprachen Kontrollstrukturen, eben z.B. die rekursiven Prozeduren, deren Verständnis eine intellektuelle Herausforderung darstellt. Solche Kontrollstrukturen sind sowohl aus pragmatischer Bewältigung typischer Programmieraufgaben wie aus theoretischen Überlegungen herausgewachsen.

Überdies sollte man sich an dieser Stelle auch einmal die Frage stellen, warum wir eigentlich bei unseren Programmstrukturen überhaupt nie von der Tatsache Gebrauch gemacht haben, dass die zugrundeliegenden Datenstrukturen reflexiv sind. Die Ausnützung dieser Tatsache steht nun im Zentrum des vorliegenden Kapitels; hier werden wir zu wirklich hübschen Anwendungen des Rekursiontheorems und des *S-m-n*-Theorems geführt werden.

7.1 Rekursion und LISP

Die Datenstruktur ''Listen'' ist ein Schulbeispiel einer reflexiven Datenstruktur. Auf ihr wurde in den 60er Jahren durch McCarthy die Programmiersprache LISP entwickelt, welche als erste den Begriff der rekursiven Prozedur konsequent als zentrale Kontrollstruktur verwendet und die Reflexivität des Grundbereichs ausgenützt hat. Wir werden im folgenden diese Datenstruktur und Programmiersprache insoweit behandeln als es zum Verständnis der angesprochenen Zusammenhänge notwendig ist; dies ist kein LISP-Kurs.

Definition. Sei A ein Alphabet.

- *Atome* sind alle nichtleeren Wörter $w \in A^*$ sowie die Wörter NIL und T.

- Jedes Atom ist eine *Liste*.

- Falls d_1 und d_2 Listen sind, so ist es auch $(d_1 . d_2)$, das aus d_1 und d_2 gebildete *dotted pair*.

Die Menge aller Listen über dem Alphabet A bezeichnen wir mit $\mathbf{L}(A)$ oder auch kurz mit $\mathbf{L}$. Zur Vereinfachung der Schreibweise verwenden wir die Konvention, dass

$$(d_1 \ d_2 \ \cdots \ d_n)$$

bedeute die Liste

$$(d_1 . (d_2 . (d_3 . (\cdots . (d_n . \text{NIL}) \cdots))))$$

Die *Grundoperationen* auf **L** sind

$$\text{CONS}(d_1, d_2) := (d_1 . d_2)$$

und die entsprechenden Umkehroperationen

$$\text{HEAD}((d_1 . d_2)) := d_1, \quad \text{TAIL}((d_1 . d_2)) := d_2$$

Falls das Argument von HEAD oder TAIL ein Atom ist, so sei der Wert der Operation undefiniert. Die Operation ATOM hat den Wert $\text{ATOM}(d) = T$, falls d ein Atom ist, sonst den Wert NIL. Wir benützen nun diese Objekte, um damit ein kleines aber repräsentatives Fragment von LISP zu definieren (in dem alle berechenbaren Funktionen einstellig sind).

Ausdrücke sind entweder Variablennamen (also Elemente $w \in A^*$) oder Konstante, nämlich NIL, T; oder dann handelt es sich um zusammengesetzte Ausdrücke, welche mittels der Operationen CONS, HEAD, TAIL, ATOM aus anderen Ausdrücken entstehen. Jeder Ausdruck wird als Liste dargestellt, so etwa $\text{CONS}(d_1, d_2)$ als (CONS $d_1 \ d_2$), etc. Zu diesen Ausdrucksoperationen kommen dazu

$$(\text{IF } u \ = \ v \text{ THEN } w_1 \text{ ELSE } w_2)$$

und

$$(f \ v)$$

wo u, v, w_1, w_2 Ausdrücke und f ein Atom ("Funktionssymbol") sind. In jedem Fall ist ein Ausdruck eine Liste.

Programme in LISP haben die Form von (rekursiven) Funktionsdefinitionen, welche im allgemeinen n verschiedene, hier einstellige, Funktionen simultan definieren. Ebenso wie Ausdrücke sind Programme wiederum als Listen über A aufzufassen; A^* umfasst deshalb Elemente wie "IF", "THEN", " = ", etc. Ein LISP-Programm hat demnach folgende Gestalt

$$((\text{DEFINE } (f_1 \ x_1) = v_1)$$
$$(\text{DEFINE } (f_2 \ x_2) = v_2)$$
$$\vdots$$
$$(\text{DEFINE } (f_n \ x_n) = v_n))$$

wo die f_i voneinander (und von CONS, HEAD, $\cdots$) verschiedene Funktionssymbole, und v_i Ausdrücke sind, welche die f_j enthalten können (und in welchen - hier, für unser Fragment - einzig die Variable x_i auftreten darf).

Beispiel: Im folgenden Programm LOOKUP wird eine Vorgabe v in einer gegebenen Funktionstabelle t gesucht und der entsprechende Wert ausgegeben. Naturgemäss ist v eine Liste, ebenso t, nämlich

$$t = ((argument_1 . wert_1)(argument_2 . wert_2) \cdots (argument_n . wert_n))$$

mit Listen $argument_i$ und $wert_i$. Die Eingabe e zu LOOKUP ist also eine Liste $(v . t)$, bestehend aus Vorgabe und Tabelle; das Programm definiert eine Funktion wie folgt:

```
((DEFINE (LOOKUP e) =
 (IF (TAIL e) = NIL
    THEN NIL
    ELSE (IF (HEAD e) = (HEAD (HEAD (TAIL e)))
       THEN (TAIL (HEAD (TAIL e)))
       ELSE (LOOKUP (CONS (HEAD e) (TAIL (TAIL e)))))))))
```

Da wir uns auf das Grundsätzliche beschränken wollen, so sind die folgenden beiden Bemerkungen als Fazit der Überlegung anzubringen.

(a) Listen bilden einen reflexiven Bereich im Sinne von Kapitel 5, ebenso wie STRING und $\mathbb{N}$: Programme und ihre Daten sind alle vom gleichen Typ, eben Listen.

(b) Die programmtechnische Hauptkonstruktion von LISP ist die der ''Rekursion'' im Sinne von PASCAL; das Format

$$(DEFINE \ (f \ x) = v)$$

ist zu vergleichen mit

$$\textbf{function } f(x \colon integer) \colon integer;$$
$$\textbf{begin } f := v \textbf{ end}$$

Wir wollen nun im folgenden diese beiden Bemerkungen miteinander verknüpfen und aus ihnen ein mathematisches Verständnis für das Konzept der rekursiven Definition entwickeln. Weil uns aber für die Listen die entsprechenden Sätze hier fehlen, fallen wir wieder zurück auf den Prototyp reflexiver Bereiche, auf $\mathbb{N}$.

Eine typische Form für den Ausdruck v ist die Konstruktion

$$\textbf{if } u = 0 \textbf{ then } v \textbf{ else } w$$

wo u, v, w die Funktionsvariable f enthalten dürfen. Wir schreiben dann abkürzend

$$f(x) \quad = \quad \textbf{if } u = 0 \textbf{ then } v \textbf{ else } w$$

und nennen dieses Definitionsschema das *McCarthy-Schema*. Etwas allgemeiner können wir für v auch irgend ein WHILE-Programm $\Pi_f(x)$ eingesetzt denken, in welchem die Funktionsvariable f vorkommen darf. Wir behandeln gleich diesen allgemeinen Fall.

Es sei also $\Pi_f(x)$ ein WHILE-Programm, in welchem ausser den bekannten Funktionszeichen und Konstanten noch eine *Funktionsvariable* f vorkommt, die wir hier der Einfachheit halber als einstellig annehmen. Wenn wir f nicht spezifizieren, so ist Π_f im allgemeinen nicht auswertbar, wenn wir f aber irgendwie festlegen, etwa als $f(x) = x^2$ oder $f(x) = 2^x$, etc., so berechnet Π_f jeweils eine Funktion, deren Werteverlauf im allgemeinen von der gemachten Festlegung von f abhängt. Mit anderen Worten: Π_f bildet die Klasse der partiell-rekursiven Funktionen in sich selbst ab. Diese Abbildung ist nachzuvollziehen als eine Abbildung der entsprechenden Gödelnummern: Falls $f = \Phi_n$, so berechnet Π_f mit diesem f eine Funktion Φ_m, wo $m = \tau(n)$ mit einem rekursiven τ.

Betrachten wir also noch einmal die Form des sogenannten Rekursionsschemas:

$$(\text{DEFINE } (f\ x) = \Pi_f(x))$$

"definiere diejenige Funktion f, welche eingesetzt in Π_f sich selbst ergibt", also, unter Benützung der Reflexivität von $\mathbf{N}$: "definiere diejenige Funktion Φ_n, für welche $n = \tau(n)$".

Die Fixpunktgleichung $n = \tau(n)$ hat aber nach Abschnitt 5.3 für rekursive τ eine Lösung. Und damit haben wir für $\mathbf{N}$ bewiesen:

Satz 7.1.1. Für jedes WHILE-Programm Π_f mit der Funktionsvariable f gibt es eine partiell-rekursive Funktion F derart, dass $\Pi_F(x) \simeq F(x)$.

Für Listen, also für LISP, würde der Beweis in analoger Weise geführt. Zwei Fragen, die auf der Hand liegen, sind hier aber noch offen geblieben:

(a) Wir wissen zwar jetzt, dass Rekursionsgleichungen, betrachtet als Fixpunktgleichungen in $\mathbf{N}$, respektive $\mathbf{L}$, eine Lösung haben. Aber welche Lösung, falls es etwa verschiedene gäbe, ist die intendierte des Programmes, und wird diese Lösung auch durch die "praktische" Auswertung des Programmes erzeugt? Dieser Frage wird im nachfolgenden Abschnitt nachgegangen.

(b) Wie steht es mit der Klasse der durch Rekursionsgleichung programmierbaren Funktionen? Auf $\mathbf{N}$ gilt, dass diese Klasse gerade die Klasse der partiell-rekursiven Funktionen ist. Auf $\mathbf{L}$ ist zu beweisen, dass LISP genügt. Dies ist im wesentlichen eine LISP-Programmierübung, auf die wir hier verzichten.

7.2 Fixpunktsemantik

In höheren Programmiersprachen, die rekursive Prozeduren zulassen, schreibt man gern Kontrollstrukturen von der Art des McCarthy-Schemas, z.B.

$$f(x,y) \quad = \quad \textbf{if } y = 0 \textbf{ then } 1 \textbf{ else } x \cdot f(x+1, y-1)$$

In der Tat lassen sich allein damit z.B. das primitive Rekursionsschema und das μ-Schema aufschreiben (siehe Übungsaufgabe 7-2). Wir könnten jetzt zwar wie früher **if−then−else** mittels **while−do−od** ausdrücken. Wegen des rekursiven Aufrufes der Funktion f wären wir aber mit unserem Beispiel dennoch ausserhalb der WHILE-Sprache. Stattdessen betrachten wir lieber

$$\textbf{if } u = 0 \textbf{ then } v \textbf{ else } w$$

als dreistellige *Funktion* von u, v und w. Im wesentlichen ist dies die Grundfunktion COND von LISP. Allerdings hat **if−then−else** eine für uns neue Eigenschaft: diese

Funktion erwartet nicht a priori, dass ihre drei Argumente alle *definiert* sind. (Beispiel: if $x = 0$ **then** $2y$ **else** y **div** x).

Dies führt uns zur Einführung der Menge $\mathbb{N}_\omega = \mathbb{N} \cup \{\omega\}$. Dabei ist ω ein Symbol für "undefiniert". Wir übernehmen alle bisherigen Funktionen $\mathbb{N}^k \to \mathbb{N}$, indem wir die *natürliche Fortsetzung* auf $\mathbb{N}_\omega^k \to \mathbb{N}_\omega$ bilden, d.h. sobald eines der Argumente gleich ω ist, ist auch der Funktionswert gleich ω. Wir wollen wiederum die bequeme Schreibweise von Funktionen als Graphen verwenden. Dabei wäre wünschenswert, wenn sich wie bisher "weniger definierte" Funktionen als *Teilmengen* von "mehr definierten" Funktionen herausstellen würden. Aber z.B. die k-stellige überall undefinierte Funktion hat ja jetzt nicht mehr den Graphen $\varnothing$, sondern der Graph Ω_k dieser Funktion ist $\mathbb{N}_\omega^k \times \{\omega\}$, d.h. $\Omega_k = \{<x_1, \cdots, x_k, \omega> \mid x_1, \cdots, x_k \in \mathbb{N}_\omega\}$. Wir setzen darum fest, dass *jede* Funktion das Ω_k der entsprechenden Stelligkeit *als Teilmenge enthalten* soll.

Beispiele:

a) $graph(x+y) = \Omega_2 \cup \{<x, y, x+y> \mid x, y \in \mathbb{N}\}$

b) $graph(\text{if } x = 0 \text{ then } y \text{ else } z) =$

$$\Omega_3 \cup \{<0, y, z, y> \mid y \in \mathbb{N}, z \in \mathbb{N}_\omega\} \cup \{<x, y, z, z> \mid x \in \mathbb{N} - \{0\}, y \in \mathbb{N}_\omega, z \in \mathbb{N}\}$$

Die Tatsache, dass für gewisse Argumenttupel *zwei* Funktionswerte (wovon einer ω) existieren, hat folgende Konsequenzen:

-   Eine Menge $M \subseteq \mathbb{N}_\omega^{k+1}$ heisst jetzt *funktional*, (das heisst: ist Graph einer Funktion), falls

    (i) $\Omega_k \subseteq M$

    (ii)   aus $<x_1, \cdots, x_k, y> \in M$ und $<x_1, \cdots, x_k, z> \in M$ folgt: $y = \omega$ oder $z = \omega$ oder $y = z$.

-   Während der Ausführung von Programmen ist es jetzt erlaubt, Funktionen nicht oder erst später auszuwerten und stattdessen ω als Wert zu betrachten, (was u.U. bereits für weitere Berechnungsschritte genügt, etwa bei if$-$then$-$else).

Sei f ein n-stelliges Funktionssymbol. Mit T_f bezeichnen wir die Menge aller Terme t, welche aus f, den Grundfunktionen S, P, Z, U_i^m, if$-$then$-$else sowie mit Symbolen für die bis dahin programmierten Funktionen zusammengesetzt werden können. Wir nennen *Rekursionsschema* jede Gleichung

$$f(x_1, \cdots, x_n) = t$$

für $t \in T_f$, analog zum vorhergehenden Abschnitt. Wenn in t für die Funktionsvariable f eine Funktion mit Graph F eingesetzt wird, so definiert diese eine neue Funktion, deren Graphen wir mit $\tau(F)$ bezeichnen. So ist also jedem $t \in T_f$ eine solche Abbildung τ zugeordnet. Es ist leicht, dieses τ rekursiv nach dem Aufbau von t zu bestimmen: Für Grundterme (das sind Variablen und Konstanten) ist das entsprechende τ konstant; für zusammengesetzte Terme $t = g(t_1, \cdots, t_k)$, wo g eine Funktion mit Graph G ist, wird τ mit Hilfe der den t_i zugeordneten τ_i wie folgt definiert:

$$\tau(F) = \Omega_n \cup \{<x_1, \cdots, x_n, y> \mid \exists w_1, \cdots, w_k, <w_1, \cdots, w_k, y> \in G$$
$$\wedge <x_1, \cdots, x_n, w_i> \in \tau_i(F),\ i = 1, \cdots, k\}$$

Dabei ist auch der Fall $g = f, G = F$ eingeschlossen.

Satz 7.2.1. Für jedes $t \in T_f$ ist das entsprechende τ stetig.

Beweis: Für jede Kette K von Teilmengen $X \subseteq N_\omega^{n+1}$ ist zu zeigen $\tau(\bigcup_{X \in K} X) = \bigcup_{X \in K} \tau(X)$. Für Grundterme t ist das entsprechende τ konstant und daher stetig. Für zusammengesetzte t, also $t = g(t_1, \cdots, t_k)$, benützen wir die Induktionsvoraussetzung dass die den t_i entsprechenden τ_i stetig sind und rechnen wie folgt:

$$\tau(\bigcup_{X \in K} X)$$

$$= \Omega_n \cup \{<x_1, \cdots, x_n, y> \mid \exists w_1, \cdots, w_k, <w_1, \cdots, w_k, y> \in G$$
$$\wedge <x_1, \cdots, x_n, w_1> \in \tau_1(\bigcup_{X \in K} X) \wedge \cdots \wedge <x_1, \cdots, x_n, w_k> \in \tau_k(\bigcup_{X \in K} X)\}$$

$$= \Omega_n \cup \{<x_1, \cdots, x_n, y> \mid \exists w_1, \cdots, w_k, <w_1, \cdots, w_k, y> \in G$$
$$\wedge <x_1, \cdots, x_n, w_1> \in \bigcup_{X \in K} \tau_1(X) \wedge \cdots \wedge <x_1, \cdots, x_n, w_k> \in \bigcup_{X \in K} \tau_k(X)\}$$

$$= \bigcup_{X^{(1)} \in K} \cdots \bigcup_{X^{(k)} \in K} \Big[\Omega_n \cup \{<x_1, \cdots, x_n, y> \mid \exists w_1, \cdots, w_k, <w_1, \cdots, w_k, y> \in G$$
$$\wedge <x_1, \cdots, x_n, w_1> \in \tau_1(X^{(1)}) \wedge \cdots \wedge <x_1, \cdots, x_n, w_k> \in \tau_k(X^{(k)})\} \Big]$$

$$= \bigcup_{X \in K} \Big[\Omega_n \cup \{<x_1, \cdots, x_n, y> \mid \exists w_1, \cdots, w_k, <w_1, \cdots, w_k, y> \in G$$
$$\wedge <x_1, \cdots, x_n, w_1> \in \tau_1(X) \wedge \cdots \wedge <x_1, \cdots, x_n, w_k> \in \tau_k(X)\} \Big]$$

$$= \bigcup_{X \in K} \tau(X)$$

Wir haben der Reihe nach benützt: Definition von τ; Induktionsvoraussetzung; etwas Mengenlehre; Ketteneigenschaft von K und Monotonie der τ_j; und nochmals Definition von τ. Für $g = f$ kann der obige Beweis leicht angepasst werden.

$\square$

Die Stetigkeit von τ garantiert uns nun die Existenz von Fixpunkten sowie den Ausdruck

$$\bigcup_{i \in \mathbb{N}} \tau^i(\Omega_n)$$

für den kleinsten Fixpunkt.

Wie sich nun konkrete Sprachen, etwa PASCAL und LISP in Bezug auf diesen kleinsten Fixpunkt verhalten, erfahren wir an folgendem

Beispiel: f sei definiert durch die Gleichung

$$f(x,y) \;=\; \textbf{if } x = y \textbf{ then } y+1 \textbf{ else } f(x, f(x \dot{-} 1, y+1))$$

[*Anmerkung:* der Test müsste statt "$x = y$" eigentlich "$|x-y| = 0$" lauten.]

Folgende Funktionen sind (z.B.) Fixpunkte der Gleichung:

$$f_1(x,y) = x+1$$

$$f_2(x,y) = \begin{cases} x+1, & \text{falls } x \geq y \\ y \dot{-} 1 & \text{sonst} \end{cases}$$

$$f_3(x,y) = \begin{cases} x+1, & \text{falls } x \geq y \text{ und } |x-y| \text{ gerade} \\ \omega & \text{sonst} \end{cases}$$

Dies lässt sich leicht überprüfen, und wir stellen fest:

$$f_3 \subseteq f_1$$
$$f_3 \subseteq f_2$$

und

$$f_1(2,5) = 3$$
$$f_2(2,5) = 4$$
$$f_3(2,5) = \omega$$

Welche Funktion intendiert nun also etwa PASCAL? Die Antwort ist *operativ* zu geben. PASCAL erzeugt bei der Auswertung von $f(x,y)$ eine Auswertungsfolge, (die durch das Design der Sprache bestimmt ist), in unserem Falle die folgende:

$$f(2,5) \;\rightarrow$$
$$\textbf{if } 2 = 5 \textbf{ then } 5+1 \textbf{ else } f(2, f(1,6)) \;\rightarrow$$
$$f(2, f(1,6)) \;\rightarrow$$
$$f(2, \textbf{if } 1 = 6 \textbf{ then } 6+1 \textbf{ else } f(1, f(0,7))) \;\rightarrow$$
$$f(2, f(1, f(0,7))) \;\rightarrow$$
$$\cdots$$

ad infinitum

Somit ist $f(2,5)$ undefiniert, ebenso wie $f_3(2,5)$. PASCAL wertet also vor jedem Term zuerst dessen Argumente aus, und dies von links nach rechts.

In LISP gilt das ebenfalls für die meisten Funktionen; diese Klasse heisst in LISP 'EXPR'. Allerdings kann der Programmierer für seine eigenen Funktionen andere

Reihenfolgen der Auswertung festlegen, wenn er sie als 'FEXPR' deklariert. Auch einige vordefinierte Funktionen von LISP sind 'FEXPR' wie etwa die schon erwähnte Funktion COND.

Unser Beispiel etwa kann in LISP so programmiert werden, dass *von aussen nach innen* ausgewertet wird (dies betrifft sowohl f als auch + und **if–then–else** alias COND). Das Resultat deckt sich aber wiederum mit f_3.

Zur Vereinfachung untersuchen wir im folgenden nur die Strategien (= Reihenfolgen) für die Auswertung der Terme $f(\cdots)$. Alle übrigen Terme seien jeweils sobald als möglich ausgewertet. Dann bieten sich u.a. die folgenden gebräuchlichen Strategien an:

LI: *leftmost-innermost*, Auswertung des ersten f von links, das kein f in den Argumenten enthält. *Beispiel* (unterstrichen):

$$f(0,\underline{f}(0,1))+f(f(2,0),f(3,1))$$

LO: *leftmost-outermost*, Auswertung des linksäussersten f. *Beispiel:*

$$\underline{f}(0,f(0,1))+f(f(2,0),f(3,1))$$

PI: *parallel-innermost, Beispiel:*

$$f(0,\underline{f}(0,1))+f(\underline{f}(2,0),\underline{f}(3,1))$$

PO: *parallel-outermost, Beispiel:*

$$\underline{f}(0,f(0,1))+\underline{f}(f(2,0),f(3,1))$$

FA: *free-argument*, Auswertung aller f, bei denen mindestens ein Argument ohne f ist. *Beispiel:*

$$\underline{f}(0,\underline{f}(0,1))+f(\underline{f}(2,0),\underline{f}(3,1))$$

FS: *full substitution*, Auswertung aller f gleichzeitig. *Beispiel:*

$$\underline{f}(0,\underline{f}(0,1))+\underline{f}(\underline{f}(2,0),\underline{f}(3,1))$$

LI ist die von PASCAL verfolgte Strategie, LI und LO sind diejenigen von LISP, welches ausserdem gute Hilfsmittel für die Programmierung der übrigen Strategien bietet.

Bemerkung: Nicht alle Strategien berechnen den kleinsten Fixpunkt. Betrachten wir nämlich

$$f(x,y) \;=\; \textbf{if } x=0 \textbf{ then } 1 \textbf{ else } f(x\dot{-}1,f(x,y))$$

so ist der kleinste Fixpunkt $f^*(x,y) = \text{const.} = 1$. Dies sieht man wie folgt ein: Obige Gleichung in der Schreibweise mit Graphen lautet

$$F \;=\; \tau(F) \;=\; \Omega_2 \cup \{<0,y,1> \mid y \in \mathbb{N}_\omega\} \cup$$

$$\{<x,y,z> \mid x \neq 0 \wedge \exists w \in \mathbb{N}_\omega (<x\dot{-}1,w,z> \in F \wedge <x,y,w> \in F)\}$$

Also

$$\tau^0(\Omega_2) = \Omega_2$$
$$\tau^1(\Omega_2) = \tau^0(\Omega_2) \cup \{<0,y,1> \mid y \in N_\omega\}$$
$$\tau^2(\Omega_2) = \tau^1(\Omega_2) \cup \{<1,y,1> \mid y \in N_\omega\}$$
etc.

Demhingegen berechnet die Strategie LI wie folgt, z.B.

$$f(1,0) = f(0,\underline{f}(1,0)) = f(0,f(0,\underline{f}(1,0))) = \cdots = \text{undefiniert}$$

Allgemein

$$f_{\text{LI}}(x,y) = \begin{cases} 1 & \text{für } x = 0 \\ \omega & \text{sonst} \end{cases}$$

Somit ist f_{LI} eine echte Teilmenge von f^*.

Satz 7.2.2. Jede Berechnungsstrategie berechnet eine partielle Funktion g mit $g \subseteq f^*$, wo f^* der kleinste Fixpunkt ist.

Bemerkung: Unter allen Fixpunkten ist also sicher der kleinste der geeignetste für den Zweck einer Semantikdefinition. Zur vollen Rechtfertigung fehlt aber noch der Nachweis, dass es Strategien gibt, die immer den kleinsten Fixpunkt produzieren. Dieser fällt als Nebenprodukt beim Beweisen des obigen Satzes ab.

Beweis: Wir betrachten das Diagramm aller möglichen Auswertungsfolgen. Dieses hat die Form eines Baumes, wobei die Verzweigungen dadurch entstehen, dass wir uns für verschiedene Auswahlen derjenigen f entscheiden, für die wir die Auswertung vornehmen wollen. Als übersichtliches Beispiel betrachten wir den Fall, dass in der rechten Seite der Definition von f das Symbol f nur zweimal vorkommt, wie etwa in

$$f(x,y) \quad = \quad \text{if } x = 0 \text{ then } 1 \text{ else } f(x \dot- 1, f(x,y))$$

Als Abkürzung für die rechte Seite schreiben wir $\sigma(f,f)$, worin die beiden Positionen für f angedeutet sind.

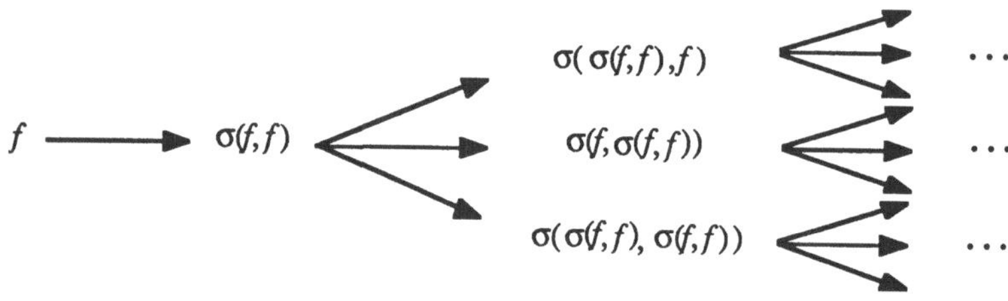

Abb. 7.2.1

Betrachte nun den Baum von Teilmengen von N_ω^3, welcher wie folgt entsteht:

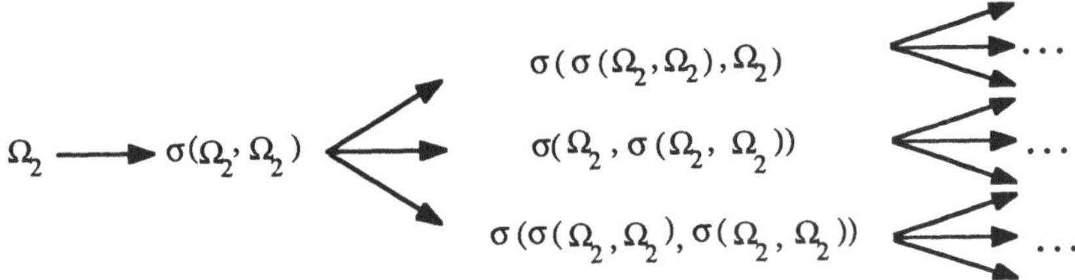

Abb. 7.2.2

Zu diesem Baum bemerken wir die folgenden Tatsachen:

(a) In jedem Knoten des Baumes steht die Menge derjenigen Tripel $<a,b,c> \in \mathbb{N}_\omega^3$, welche die Auswertungsfolgen entlang dem zu diesem Knoten führenden Pfad erzeugen.

(b) Entlang jedem Pfad haben wir eine aufsteigende Folge von Mengen. Dies folgt aus der Monotonie von τ, die ihrerseits aus der Stetigkeit folgt.

(c) Der unterste Pfad ist gerade die Folge Ω_2, $\tau(\Omega_2)$, $\tau^2(\Omega_2)$, $\tau^3(\Omega_2)$, $\cdots$.

(d) Vertikal gilt: Jede höherstehende Menge ist in der untersten enthalten.

(e) Der unterste Pfad ist *full substitution*.

$\square$

Korollar. FS berechnet den kleinsten Fixpunkt.

$\square$

7.3 Partielle Evaluation, Interpreter und Compiler

Vom Gedankengut der Rekursionstheorie kam im vorletzten Abschnitt das Rekursionstheorem in der Form des Fixpunktsatzes zur Anwendung auf die Theorie der Programme. Im vorliegenden Abschnitt wird es das S-m-n-Theorem sein, das die Schlüsselrolle spielt. Wiederum gehen wir aus von einem reflexiven Bereich, den wir D nennen und unter dem wir uns $\mathbb{N}$, A^* oder $\mathbb{L}$ vorstellen mögen, einem Bereich also von Objekten, welche sowohl als Programme wie als Daten verstanden werden können. Wir denken uns also ein reflexives D und eine Programmiersprache L für D fest gegeben. Für das folgende werden wir die Sprache L mit ihrer *Semantikfunktion* identifizieren.

Definition. Eine Semantikfunktion L ist eine Abbildung

$$L: D \rightarrow (D^* \rightarrow D)$$

welche jedem Element l von D, (verstanden als Programm), eine partielle Funktion $L(l): D^* \rightarrow D$ zuordnet. Diese Funktion $L(l)$ weist also gewissen Folgen

$<d_1, \cdots, d_n> \in D^*$, den Eingabegrössen, ein Element $d_{n+1} \in D$ zu, symbolisch

$$(L(l))(<d_1, \cdots, d_n>) = d_{n+1}$$

Um Klammern zu sparen, schreiben wir

$$Ll<d_1, \cdots, d_n> \text{ statt } (L(l))(<d_1, \cdots, d_n>)$$

Eine der fruchtbarsten Ideen bei der Programmierung besteht darin, dass Programme, welche für den allgemeinsten Fall geschrieben wurden, durch Spezialisierung auf konkrete Fälle zu neuen, im allgemeinen weniger aufwendigen Programmen transformiert werden. So wird etwa die Funktion $f(n, x) = x^n$ in vollster Allgemeinheit durch folgendes rekursives Programm berechnet:

```
function f(n, x: integer): integer;
begin if n = 0 then f := 1
      else if even(n) then f := sqr(f(n div 2, x))
      else f := x*f(n-1, x)
end
```

Die Spezialisierung auf $n = 5$ kommt durch symbolische Auswertung zustande und führt zum Programm

```
function g(x: integer): integer;
begin g := x*sqr(sqr(x)) end
```

Uns interessiert der Mechanismus der Transformation vom ersten zum zweiten Programm.

Definition. (a) Ein Programm r heisst *m-n-Residualprogramm* eines Programmes l, falls für alle $d_1, \cdots, d_{m+n} \in D$ gilt:

$$Ll<d_1, \cdots, d_m, d_{m+1}, \cdots, d_{m+n}> \simeq Lr<d_{m+1}, \cdots, d_{m+n}>$$

(b) Ein Programm p heisst *partieller Evaluator*, falls es Residualprogramme herstellt, falls also gilt:

$$Ll<d_1, \cdots, d_m, d_{m+1}, \cdots, d_{m+n}> \simeq$$
$$L(Lp<l, d_1, \cdots, d_m>)<d_{m+1}, \cdots, d_{m+n}>$$

Wie angekündigt, kommt hier das S-m-n-Theorem zum Zuge. In der Tat ist s_n^m ein partieller Evaluator im Bereich der partiell-rekursiven Funktionen auf $\mathbf{N}$. Wenn wir nämlich Ll im reflexiven Bereich $\mathbf{N}$ mit Herbeiziehung der Gödelnumerierung partiell-rekursiver Funktionen so verstehen:

$$Ll \text{ ist } \Phi_l^{m+n}$$

so stellt sich die obige Definitionsgleichung für partielle Evaluatoren dar als

$$\Phi_l^{m+n}(d_1, \cdots, d_{m+n}) \simeq \Phi_{s_n^m(l, d_1, \cdots, d_m)}^{m+n}(d_{m+1}, \cdots, d_{m+n})$$

Nun ist ja nach dem S-m-n-Theorem s_n^m selbst eine partiell-rekursive Funktion,

$$s_n^m \simeq \Phi_p^{m+1}$$

und damit auch die äussere Form der Definition dupliziert:

$$\Phi_l^{m+n}(d_1, \cdots, d_{m+n}) \simeq \Phi_{\Phi_p^{m+1}(l, d_1, \cdots, d_m)}^n(d_{m+1}, \cdots, d_{m+n})$$

Wir haben bewiesen:

Satz 7.3.1. Für jede Programmiersprache L für $\mathbb{N}$, welche alle partiell-rekursiven Funktionen berechnet, gibt es partielle Evaluatoren.

$\square$

(Entsprechende Sätze gelten auch für A^* und $\mathbf{L}$).

Wir benützen nun die partiellen Evaluatoren, um damit eine abstrakte Theorie von Interpretern und Compilern zu begründen. Dazu müssen wir uns davon lösen, dass wir nur eine Programmiersprache L und ihre dazugehörige Semantikfunktion betrachten. Wir betrachten also etwa Programmiersprache S (mit Programmen s), Programmiersprache P (mit Programmen p). Insbesondere darf ein partieller Evaluator für L in einer von L verschiedenen Sprache geschrieben sein, es muss nur einfach gelten

$$Ll<d_1, \cdots, d_m, d_{m+1}, \cdots, d_{m+n}> \simeq L(Pp<l, d_1, \cdots, d_m>)<d_{m+1}, \cdots, d_{m+n}>$$

wenn $p \in P$ ein partieller Evaluator sein soll.

Definition. Ein L-Programm *int* ist ein *Interpreter* für die Programmiersprache S, falls für alle $d_1, \cdots, d_n \in D$ gilt:

$$Ss<d_1, \cdots, d_n> \simeq L\ int<s, d_1, \cdots, d_n>$$

Ein Interpreter für S nimmt eben zugleich das Programm $s \in S$ und dessen Eingabedaten als Eingabe und verarbeitet diese zum gleichen Resultat. Bemerke nun, dass die partielle Evaluation eines Interpreters den Effekt der Compilation hat. Sei etwa $p \in P$ ein partieller Evaluator für L. Dann gilt offenbar

$$Ss<d_1, \cdots, d_n> \simeq L\ int<s, d_1, \cdots, d_n> \simeq L(Pp<int, s>)<d_1, \cdots, d_n>$$

gemäss partieller Evaluation. Es entsteht zum Quellprogramm $s \in S$ das Zielprogramm $Pp<int,s> \in L$, es wird "compiliert".

Für das folgende wählen wir eine Programmiersprache L aus, die wir als Vehikel des Programmierens bevorzugen wollen: in ihr schreiben wir Interpreter und Compiler für andere Sprachen. Insbesondere wollen wir einen partiellen Evaluator $mix \in L$ festhalten. Er hat definitionsgemäss die Eigenschaft

$$Ll<d_0, d_1, \cdots, d_n> \simeq L(L\ mix<l, d_0>)<d_1, \cdots, d_n>$$

Definition. Ein Compiler, geschrieben in L für eine Programmiersprache S, ist ein L-Programm *comp* so, dass für alle S-Programme s und Daten $d_1, \cdots, d_n \in D$ gilt:

$$Ss<d_1, \cdots, d_n> \simeq L(L\ comp\ s)<d_1, \cdots, d_n>$$

Diese Definition entspricht unserer Intuition: Das Programm *comp* wird auf den Quelltext s angesetzt und liefert ein Programm $L\ comp\ s$, welches, in L ausgewertet, dasselbe ergibt wie s ausgewertet als S-Programm.

Steht für L nun ein partieller Evaluator *mix* wie oben zur Verfügung, so kann man mit seiner Hilfe Compiler bauen:

Satz 7.3.2. Für jeden in L geschriebenen Interpreter *int* für die Programmiersprache S ist

$$L \; mix\langle mix, int\rangle$$

ein in L geschriebener Compiler für S.

Beweis: Mit dem partiellen Evaluator $mix \in L$ erhält das obige Zielprogramm $Pp\langle int, s\rangle$ der Compilation die Form

$$L \; mix\langle int, s\rangle$$

Wir haben zu zeigen, dass mit

$$comp = L \; mix\langle mix, int\rangle$$

gilt:

$$L \; comp \; s \doteq L \; mix\langle int, s\rangle$$

Dies geschieht durch Einsetzen wie folgt:

$$L \; comp \; s \doteq L(L \; mix\langle mix, int\rangle)s \doteq L \; mix\langle int, s\rangle$$

aufgrund der Definition von *comp*, respektive derjenigen von *mix* (mit Einsetzung von *mix* für l, *int* für d_0 und s für d_1).

□

Das hier begonnene Spiel kann noch etwas weiter getrieben werden:

Definition. Ein Compiler-Generator *cocom* transformiert für jede Programmiersprache S einen Interpreter von S in L in einen Compiler von S in L, in abgekürzter Schreibweise:

$$L \; cocom \; int$$

Satz 7.3.3. Das L-Programm

$$cocom = L \; mix\langle mix, mix\rangle$$

ist ein Compiler-Generator.

Beweis: Sei *int* ein L-Interpreter von S. Um zu zeigen, dass *comp*, definiert durch $comp = L \; cocom \; int$, ein L-Compiler für S ist, wollen wir beweisen, dass $L \; comp \; s \doteq L \; mix\langle int, s\rangle$, dem Zielprogramm der Compilation. Wir verwenden die Definitionen und werten wie folgt aus:

$$\begin{aligned}
L \; comp \; s &= L(L \; cocom \; int)s \\
&= L(L(L \; mix\langle mix, mix\rangle)int)s \\
&\doteq L(L \; mix\langle mix, int\rangle)s \\
&\doteq L \; mix\langle int, s\rangle
\end{aligned}$$

unter zweimaliger Verwendung der Definitionsgleichung für *mix*.

□

Übungsaufgaben zum Kapitel 7

7-1. Man programmiere in LISP die Funktionen

a) APPEND(x, y): Zusammenhängen von Listen,

b) REVERSE(x): Umkehren einer Liste und

c) EQUAL(x, y): Vergleich von Listen (statt nur von Atomen wie bei " $=$ ")

7-2. Man programmiere das Schema der primitiven Rekursion und das μ-Schema mit dem McCarthy-Schema.

7-3. Gegeben sei das McCarthy-Schema

$$f(x, y) \quad = \quad \textbf{if } x = 0 \textbf{ then } 1 \textbf{ else } f(x \dot- 1, f(x \dot- y, y))$$

a) Was ist $f(2, 1)$, resp. $f(3, 2)$ für jede der sechs in Abschnitt 7.2 angegebenen Strategien?

b) Welche Funktionen $f\colon \mathbb{N}^2 \to \mathbb{N}$ werden mittels dieser Strategien berechnet?

7-4. Man zeige, dass auch PO eine Fixpunktstrategie ist. (Siehe [Manna])

Bibliographische Schlussbemerkungen

Der Zweck dieses Anhanges ist die Auflistung von Werken, welche dem geneigten Leser entweder ein paar Schritte zurück, nämlich zu den wissenschaftlichen Quellen der Hauptresultate und ihrer ausführlichen Darstellung, oder dann ein paar Schritte vorwärts, nämlich zu dem im Augenblick am Erforschen Begriffenen, ermöglichen soll. Beide Wege verlieren sich ins Unbestimmte, das wir hier naturgemäss nur um Weniges aufhellen können.

0 Allgemeines und Geschichtliches

Zeitschriften für Theoretische Informatik

- *Journal of the Association for Computing Machinery (J. ACM)*, vierteljährlich, hrsg. von ACM.

- *Information and Computation* (früher: *Information and Control*), monatlich, hrsg. von Academic Press.

- *Theoretical Computer Science (TCS)*, hrsg. von North-Holland.

Newsletters

- *ACM Sigact News*, hrsg. von ACM special interest group on automata and computability theory; vierteljährlich.

- *Bulletin of the EATCS*, hrsg. von European Assoc. for Theoretical Computer Science.

Geschichte

- N. C. Metropolis (ed.), *A History of Computing in the Twentieth Century*. Academic Press, 1980.

- A. Hodges, *Alan Turing: The Enigma*. Simon and Schuster, 1983.

- K. Zuse, *Der Computer, mein Lebenswerk*. Springer, 1986.

- *Annals of the History of Computing*, hrsg. von AFIPS.

1 Berechenbarkeit und Aufzählbarkeit

Die ersten durchgeführten Ansätze zu einer Theorie der Berechenbarkeit entstanden im Zusammenhang mit dem sog. Grundlagenproblem der Mathematik und den daraus entspringenden Fragen nach Entscheidbarkeit und Unentscheidbarkeit, vgl. dazu:

- M. Davis (ed.), *The Undecidable: Basic Papers on Undecidable Propositions, Unsolvable Problems and Computable Functions*. Raven Press, 1965.

Dort finden sich die grundlegenden Arbeiten von Gödel, Church, Post, Turing etc. Die Berechnungstheorie in ihren Anfängen ist in folgenden einflussreichen Büchern zu finden:

- H. Hermes, *Aufzählbarkeit, Entscheidbarkeit, Berechenbarkeit*. Springer, 1961.

- S. C. Kleene, *Introduction to Metamathematics*. North-Holland, 1952.
- M. Davis, *Computability and Unsolvability*. McGraw-Hill, 1958.
- M. L. Minsky, *Computation: Finite and Infinite Machines*. Prentice-Hall, 1967.

Seither sind einige Lehrbücher erschienen, welche mit dem vorliegenden in Konkurrenz stehen; wir erwähnen

- M. D. Davis und E. J. Weyuker, *Computability, Complexity and Languages: Fundamentals of Theoretical Computer Science*. Academic Press, 1983.
- Z. Manna, *Mathematical Theory of Computation*. McGraw-Hill, 1974.
- H. R. Lewis und C. H. Papadimitriou, *Elements of the Theory of Computation*. Prentice-Hall, 1981.

Der Zusammenhang zwischen Programmiersprachen und Klassen von berechenbaren Funktionen (LOOP / primitiv-rekursive Funktionen; WHILE / partiell-rekursive Funktionen) ist nur ein kleines Kapitel in dem grossen Gebiet der Semantik von Programmiersprachen. Dazu empfehlen wir den hübschen Artikel:

- D. Harel, On Folk Theorems, *Comm. ACM* **23** (1980), S. 379-389.

und das neuere Werk zur Vertiefung:

- D. A. Schmidt, *Denotational Semantics: A Methodology for Language Development*. Allyn & Bacon, 1986.

2 Automaten und formale Sprachen

Dieses Gebiet hat verschiedene Wurzeln; einerseits die mathematische Linguistik, insbesondere aus der Schule von Chomsky, vgl. etwa

- N. Chomsky, Formal Properties of Grammars, in: *Handbook of Mathematical Psychology*, vol. 2 (Luce, et al., eds.). Wiley, 1963.

und andererseits die Neurologie, vgl. etwa die seminalen Arbeiten:

- S. C. Kleene, Representation of events in nerve nets and finite automata, in: *Automata Studies*. Princeton Univ. Press, 1956.
- M. O. Rabin und D. Scott, Finite Automata and Their Decision Problems, *IBM J. Res.* **3** (1959), S. 115-125.

Dieses Gebiet war vor allem in den 60er und frühen 70er Jahren aktiv. Einflussreichste Bücher sind die folgenden:

- S. Ginsburg, *The Mathematical Theory of Context-Free Languages*. McGraw-Hill, 1966.
- J. E. Hopcroft und J. D. Ullman, *Formal Languages and Their Relation to Automata*. Addison-Wesley, 1969.

Die wichtigsten Arbeiten sind zusammengetragen in:

- A. Salomaa, *Jewels of Formal Language Theory*. Computer Science Press, 1981.

Eine historische Übersicht gibt

- S. A. Greibach, *Formal Languages: Origins and Directions,* Annals Hist. Comp. **3** (1981), S. 14-41.

Der in unserem Buch dargestellte algebraische Zugang wurde vor allem vertreten in

- J. R. Büchi, Mathematische Theorie des Verhaltens endlicher Automaten, *Z. Angew. Math. Mech.* **42** (1962), S. 9-16. Eine detaillierte Darstellung der Theorie der Automaten findet man z.B. in

- W. Brauer, *Automatentheorie.* B. G. Teubner, Stuttgart, 1984.

3 Fixpunkttheorie

Die allgemeinste Form des Fixpunktsatzes erscheint zuerst in

- A. Tarski, A Lattice-Theoretical Fixpoint Theorem and its Applications, *Pacific J. Math.* **5** (1955), S. 285-309.

Während die meisten hier gemachten Anwendungen recht einfach sind, so ist doch der allgemeine Ansatz sehr fruchtbar, insbesondere in der sog. denotationellen Semantik von Programmiersprachen und Datenstrukturen. Vgl. dazu etwa:

- J. E. Stoy, *Denotational Semantics: The Scott-Strachey Approach to Programming Language Theory.* MIT Press, 1977.

4 Syntaktische Strukturen

Dieses Gebiet gehört eigentlich zur Universellen Algebra, wobei die Beziehung zu Sprachkonstruktionen wohl zuerst von L. Henkin ausgearbeitet wurde. Eine gute Einführung gibt

- S. Burris und H. P. Sankappanavar, *Universal Algebra.* Springer, 1981.

Mehr über die Beziehungen zwischen Universeller Algebra und Datenstrukturen findet sich in der Monographie

- P. Burmeister, *Model-Theoretic Oriented Approach to Partial Algebras.* Akademie Verlag Berlin, 1986.

5 Gödelnumerierung und Universalprogramme

Die Gödelnumerierung als technisches Hilfsmittel erscheint erstmals in:

- K. Gödel, Über formal unentscheidbare Sätze der Principia Mathematica und verwandter Systeme I, *Monatshefte f. Math. u. Phys.* **38** (1931), S. 173-198.

Diese Arbeit ist, wie viele andere wichtige Arbeiten im schon erwähnten Sammelwerk enthalten:

- *The Undecidable* (M. Davis, ed.). Raven Press, 1965.

Dort sind auch die Arbeiten von Turing, insbesondere seine Erfindung einer Universalmaschine:

- A. Turing, On Computable Numbers with an Application to the Entscheidungsproblem, *Proc. London Math. Soc.* **42** (1936), S. 230-265, **43** (1937), S. 544-546.

Der Klassiker der Rekursionstheorie ist

-   H. Rogers, *Theory of Recursive Functions and Effective Computability*. McGraw-Hill, 1967.

Als neuere Darstellung ist zu erwähnen:

-   R. I. Soare, *Recursively Enumerable Sets and Degrees*. Springer 1987.

6 Unlösbare Probleme der Informatik

Die These von Church ist erstmals ausgesprochen in

-   A. Church, An Unsolvable Problem of Elementary Number Theory, *Amer. J. Math.* **58** (1936), S. 345-363.

Sie stützt sich auf die Erfahrungen von Turing, Kleene, Post, Gödel und Herbrand mit Varianten des Berechnungsbegriffes, von denen einige in unserem Text zur Sprache kommen. Das Korrespondenzproblem stammt von Post und ist unentscheidbar gemäss

-   E. L. Post, A Variant of a Recursively Unsolvable Problem, *Bull. AMS* **52** (1946), S. 264-268.

Die Tag-Maschine entspringt ebenfalls einer Idee von Post; die Unlösbarkeit des entsprechenden Halteproblems hat erstmals bewiesen:

-   M. L. Minsky, Recursive Unsolvability of Post's Problem of 'tag' and other Topics in the Theory of Turing Machines, *Annals Math.* **74** (1961), S. 437-455.

Die Anwendung auf formale Sprachen (eine von vielen) stammt von D.G. Cantor. Über die Fragestellung nach Lösbarkeit / Unlösbarkeit hinaus geht die Komplexitätstheorie, die wir hier gar nicht aufnehmen. Einen Einstieg vermittelt etwa:

-   M. R. Garey und D. S. Johnson, *Computers and Intractability: A Guide to NP-Completeness*. Freemann & Co., 1979.

7 Rekursive Prozeduren

Rekursive Prozeduren wurden erstmals systematisch als Grundelement des Programmierens verwendet durch McCarthy, vgl. z.B.:

-   J. McCarthy in: *Computer Programming and Formal Systems* (Brafford & Hirschberg, eds.). North-Holland, 1963.

Die entsprechende, heute weitverbreitete Sprache LISP ist lehrbuchmässig dargestellt in:

-   J. Allen, *The Anatomy of LISP*. McGraw-Hill, 1978.

-   P. H. Winston und B. K. P. Horn, *LISP*. Addison-Wesley, 1984.

Zur Semantik rekursiver Prozeduren konsultiere man zusätzlich etwa

-   Z. Manna, *Mathematical Theory of Computation*. McGraw-Hill, 1974.

Die hier dargestellte Theorie der Interpreter und Compiler geht zurück auf Ideen von A. Ershov, Y. Futamura und N. Jones, vgl.:

-   A. P. Ershov, D. Bjørner und N. D. Jones (eds.). *Proc. of Workshop on Partial Evaluation and Mixed Computation*. North-Holland, 1988.

Sachverzeichnis

A^* 11
C^m 20, 29, 30
D_i^m 20, 29
$dom(f)$ 10, 27
$e_p(x)$ 78
$E(\alpha)$ 47
$\mathbb{N}$ 11
p_n 78
$ran(f)$ 10, 27
$sg(x)$ 14
$\overline{sg}(x)$ 14
T^* 32
ε 32
ε-frei 39
μ-Schema 21, 64
χ_T 18
ω 79
$\dot{-}$ 14
$\rightarrow$ 33
$\simeq$ 11
$\equiv_L$ 53, 57, 70
$\Rightarrow$ 33
$\overset{*}{\Rightarrow}$ 33

abgeschlossene Menge 58, 61
Ackermann-Funktion 15, 31
ähnliche Strukturen 37, 51, 52, 67
akzeptierender Zustand 37, 38
Akzeptor
-, deterministischer 40
-, endlicher 37, 41, 70
-, nichtdeterministischer 40, 42, 54
algebraische Struktur 36, 51, 58, 70
-, mehrsortige 71, 74
-, verallgemeinerte 59, 61, 64
Antwortfunktion 37, 52, 70
Anweisungscode 79
Atom 66, 67, 100
Aufzählbarkeitssatz 81
aussagenlogische Formel 68, 74
Auswertung, symbolische 110

berechenbar 97
Berechenbarkeit, prinzipielle 76
Bereich, reflexiver 77, 109
busy beaver 26

charakteristische Funktion 18, 23, 26
Chomsky, N. 34

Church, These von 10, 16, 87
Code 77
Compilation 111
Compiler 111
Compiler-Generator 112

Datenstruktur 11, 32
-, reflexive 100
deterministischer Akzeptor 40
deterministische Turing-Maschine 95
Diagonalisierungsverfahren 29
dotted pair 100

eindeutige Lesbarkeit 66, 67
-, Unlösbarkeit der 93
endlicher Akzeptor 37, 41, 70
endlicher Index, Kongruenz von 52, 53
entscheidbares Prädikat 23
Entscheidungsprobleme 50
Erzeugnis 60, 61
Evaluator, partieller 110

Fixpunkt 58, 61, 63, 65, 84
-, kleinster 106, 107, 108
Fixpunktgleichung 103
Fixpunktsatz der Rekursionstheorie 85, 98
Fixpunktsemantik 103
free-argument 107
freie m-Algebra 52, 67, 70
full substitution 107
Funktion
-, Ackermann- 15, 30
-, charakteristische 18, 23, 26
-, Graph einer 11, 28, 104
-, monotone 58, 65
-, partielle 10
-, partiell-rekursive 22, 28, 63
-, programmierbare 98
-, primitiv-rekursive 17, 63, 66
-, rekursive 22
-, stetige 60, 65
funktionale Menge 10, 104
Funktionsvariable 102

GOTO 88
-, reduziertes 88
Grammatik 33, 70
-, kontextfreie 34, 93
-, kontext-sensitive 35

-, links-reguläre 35, 56
-, nichtverkürzende 34
-, rechts-reguläre 35, 56
-, reguläre 34, 74
Graph einer Funktion 11, 28, 104
Gödelnumerierung 77

Halteproblem 76, 82, 89
Hauptsatz über syntaktische Strukturen 12, 52, 67
Homomorphismus 51, 52, 54, 70

Index 81
-, Kongruenz von endlichem 52, 53
Induktion nach der Struktur 66
induktive Struktur 66, 67
Interpreter 111
Iterationskette 60
Iterationslemma 59

k-Kellerautomat 96
Kellerautomat 96
Kleene - Myhill, Satz von 47
kleinster Fixpunkt 106, 107, 108
Kompositionsschema 17, 64
Konfigurationsfolge 83
Kongruenz
-, von endlichem Index 52, 53
-, syntaktische 53, 57
kontext-sensitive Grammatik 35
kontextfreie Grammatik 34, 93
kontextfreie Sprache 34, 68
Kopf 94

Label 78
leftmost-innermost 107
leftmost-outermost 107
links-regulär 35, 56
LISP 100
Liste 100
LOOP 11, 69
LOOP-berechenbar 13, 66
$LOOP_n$ 12, 34, 62, 66

Maschine, selbstreproduzierende 85
McCarthy, J. 100
McCarthy-Schema 102
mehrsortige Struktur 71, 74
Menge
-, abgeschlossene 58, 61
-, funktionale Menge 10, 104
-, nicht-rekursive 82
-, rekursive 26
Minimalakzeptor 54, 55, 57
monoton 58, 65

natürliche Fortsetzung 104
Nerode, Satz von 53
nichtdeterministischer Akzeptor 40, 42, 54
nichtdeterministische Turing-Maschine 95
Nichtterminalalphabet 33
nichtverkürzende Grammatik 34
Normalformensatz 82
Numerierung 97

parallel-innermost 107
parallel-outermost 107
Parametrisierungsproblem 84
partiell-rekursive Funktion 22, 28, 63
partielle Funktion 10
Post'sches Korrespondenzproblem 90
primitiv-rekursive Funktion 17, 63, 66
primitiv-rekursives Prädikat 19
prinzipielle Berechenbarkeit 76
Prädikat
-, entscheidbares 23
-, primitiv-rekursives 19
-, rekursives 23
Probleme
-, unentscheidbare 82
-, kombinatorische 88
Produkt von Sprachen 44
Produktion 33
Produktionsgrammatik 33
Programmcode 79
Programme, LISP- 101
Projektionsfunktion 16
Prozedur, rekursive 100
Pumping Lemma 49, 56

Quellprogramm 111

rechts-regulär 35, 56
reflexiver Bereich 77, 109
reflexive Datenstruktur 100
reguläre Grammatik 34, 74
reguläre Sprache 34, 41, 53
regulärer Ausdruck 47, 69
Rekursion 102
-, simultane 19, 62
Rekursionsgleichung 103
Rekursionsschema 17, 62, 64, 103, 104
Rekursionstheorem 84
Rekursionstheorie 81
rekursiv aufzählbar 27, 28
rekursiv aufzählbare Sprache 35
rekursive Funktion 22
rekursive Menge 26
rekursive Sprache 35
rekursives Prädikat 23
rekursive Prozedur 100

Residualprogramm 110
Rice, Satz von 98
Rosser, J. B. 28

S-m-n-Theorem 84, 109
Schema der primitiven Rekursion 17
Semantikfunktion 109
Simulationssatz 80
simultane Rekursion 19, 62
Sprache 32
-, Produkt von 44
-, kontextfreie 34, 68
-, reguläre 34, 41, 53
-, rekursiv aufzählbare 35
-, rekursive 35
Sternoperator 44
stetig 60, 65
Strategie 107
Struktur
-, ähnliche 37, 51, 52, 67
-, algebraische 36, 51, 58, 70
-, mehrsortige 71, 74
-, Induktion nach der 66
-, induktive 66, 67
-, syntaktische 52, 67, 68, 70
-, verallgemeinerte algebraische 59, 61, 64
symbolische Auswertung 110
syntaktische Kategorie 11, 15, 34, 71
syntaktische Kongruenz 53, 57
syntaktische Struktur 52, 67, 68, 70
-, Hauptsatz über 12, 52, 67
Syntaxdiagramm 32, 71

Tag-Maschine 88
Term 104
Terminalalphabet 33
Turing, A. 87
Turing-Maschine 35, 94
-, deterministische 95
-, nichtdeterministische 95
Turing-Tabelle 94

Unentscheidbarkeitssatz 82
Universalmaschine 87
Universalprogramm 79

verallgemeinerte algebraische Struktur 59, 61, 64

Warshall, Algorithmus von 48
Wertecode 79
WHILE 15, 69
WHILE-berechenbar 15
$WHILE_n$ 15

Zielprogramm 111

Zustand, akzeptierender 37, 38
Zustandsdiagramm 37, 38

Leitfäden der angewandten Informatik Fortsetzung

Kleine Büning/Schmitgen: **PROLOG**
304 Seiten. Kart. DM 34,–

Meier: **Methoden der grafischen und geometrischen Datenverarbeitung**
224 Seiten. Kart. DM 34,–

Meyer-Wegener: **Transaktionssysteme**
242 Seiten. DM 38,–

Mresse: **Information Retrieval – Eine Einführung**
280 Seiten. Kart. DM 38,–

Müller: **Entscheidungsunterstützende Endbenutzersysteme**
253 Seiten. Kart. DM 28,80

Mußtopf / Winter: **Mikroprozessor-Systeme**
Trends in Hardware und Software
302 Seiten. Kart. DM 32,–

Nebel: **CAD-Entwurfskontrolle in der Mikroelektronik**
211 Seiten. Kart. DM 32,–

Retti et al.: **Artificial Intelligence – Eine Einführung**
2. Aufl. X, 228 Seiten. Kart. DM 34,–

Schicker: **Datenübertragung und Rechnernetze**
2. Aufl. 242 Seiten. Kart. DM 32,–

Schmidt et al.: **Digitalschaltungen mit Mikroprozessoren**
2. Aufl. 208 Seiten. Kart. DM 25,80

Schmidt et al.: **Mikroprogrammierbare Schnittstellen**
223 Seiten. Kart. DM 34,–

Schneider: **Problemorientierte Programmiersprachen**
226 Seiten. Kart. DM 25,80

Schreiner: **Systemprogrammierung in UNIX**
Teil 1: Werkzeuge. 315 Seiten. Kart. DM 48,–
Teil 2: Techniken. 408 Seiten. Kart. DM 58,–

Singer: **Programmieren in der Praxis**
2. Aufl. 176 Seiten. Kart. DM 28,80

Specht: **APL-Praxis**
192 Seiten. Kart. DM 24,80

Vetter: **Aufbau betrieblicher Informationssysteme
mittels konzeptioneller Datenmodellierung**
4. Aufl. 455 Seiten. Kart. DM 48,–

Weck: **Datensicherheit**
326 Seiten. Geb. DM 44,–

Wingert: **Medizinische Informatik**
272 Seiten. Kart. DM 25,80

Wißkirchen et al.: **Informationstechnik und Bürosysteme**
255 Seiten. Kart. DM 28,80

Wolf/Unkelbach: **Informationsmanagement in Chemie und Pharma**
244 Seiten. Kart. DM 34,–

Zehnder: **Informationssysteme und Datenbanken**
4. Aufl. 276 Seiten. Kart. DM 36,–

Zehnder: **Informatik-Projektentwicklung**
223 Seiten. Kart. DM 32,–

Preisänderungen vorbehalten

 B. G. Teubner Stuttgart